AF523013

Christopher Schwarz

Einfach *scharf*

Richtig schnell zu einsatzbereitem Werkzeug

Impressum

Originally published in the United States of America
by Lost Art Press LLC in 2022
837 Willard St., Covington, KY 41011, USA
Web: http://lostartpress.com
Title: Sharpen This
Author: Christopher Schwarz
Editor: Megan Fitzpatrick

Deutsche Ausgabe: ©2023 Vincentz Network GmbH & Co KG, Hannover
Übersetzung: Michael Auwers, Dassel
Produktion: Print Media Network, Oldenburg
Printed in Europe

ISBN 978-3-7486-0658-1
Best.-Nr. 22111

HolzWerken
Ein Imprint von Vincentz Network GmbH & Co. KG
Plathnerstr. 4c, 30175 Hannover
www.holzwerken.net

Christopher Schwarz

Einfach *scharf*

Richtig schnell zu einsatzbereitem Werkzeug

HolzWerken

Ihr exklusiver Bonus an Informationen!
Zusätzlich zu diesem Buch bietet Ihnen *HolzWerken* Bonus-Materialien zum Download an.
Scannen Sie den QR-Code oder geben Sie den Buch Code unter www.holzwerken.net/bonus ein und erhalten Sie kostenfreien Zugang zu Ihren persönlichen Bonus-Materialien!

Buch-Code: TE1176

Inhalt

1 Einleitung ... 9

2 Was ist scharf? ... 13

3 Womit schärft man Werkzeuge? ... 25

4 Der Lebenszyklus einer Schneide ... 37

5 Ein neues Werkzeug auf die erste Verwendung vorbereiten ... 43

6 Wann und wie man schleifen sollte ... 53

7 Schärfen und Abziehen ... 73

8 Die Spiegelseite abziehen ... 90

9 Schärfmittel abrichten ... 98

10 Schärfen ist kein Sport ... 104

Anhänge ... 108

Über den Autor ... 123

Für Dr. Tim Henriksen, der mir vor 10 Jahren sagte, ich sollte dieses Buch schreiben.

Und er hatte Recht.

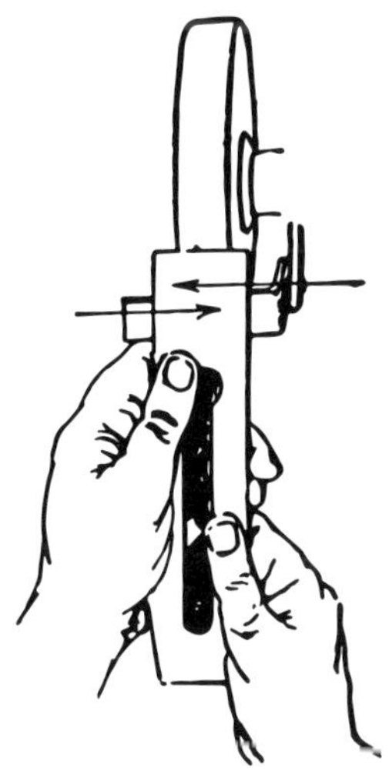

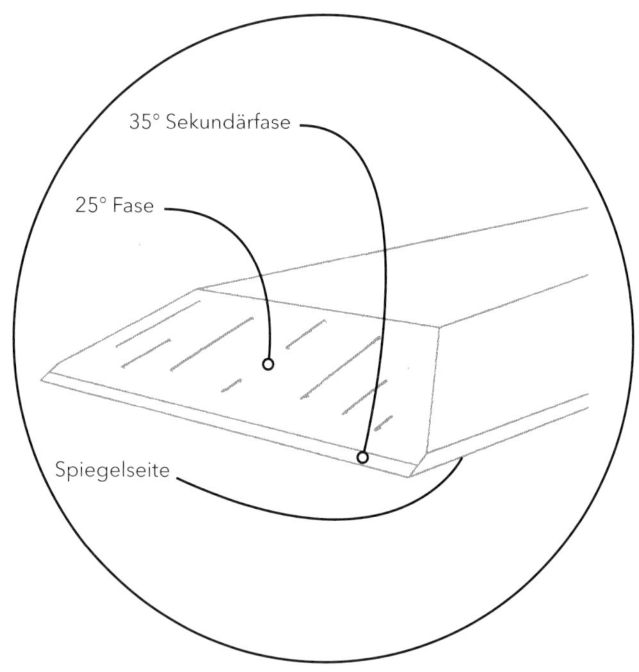

Abb. 1: Anatomie eine Stechbeitelschneide

1
Einleitung

Das Buch, das ich nie schreiben wollte.

Soweit ich weiß, wurden vor der Industriellen Revolution keine Bücher veröffentlicht, die sich mit dem Schärfen von Holzbearbeitungswerkzeugen beschäftigten. In den Zeiten, als die zivilisierte Welt noch größtenteils aus Holz, Stoff, Stein und kleinen Stückchen Stahl bestand, war das Schärfen eine weitverbreitete – fast alltägliche – Fähigkeiten.

Damals war das Schärfen so eine Fähigkeit wie heute des Essen mit Messer und Gabel. Ja, es wird einem beigebracht. Ja, es gibt viele verschiedene Methoden (in unterschiedlichen Kulturkreisen werden die Werkzeuge jeweils anders gehalten). Aber letztendlich weiß jeder, wie man die anstehende Aufgabe erledigt, und man macht sich keine großen Gedanken über die feinen Unterschiede zwischen Besteck aus Silber und solchem aus Stahl, über die Vorteile von vier Zinken gegenüber zwei Zinken oder über den Anschliffwinkel eines Fischmessers.

Leider kam zu der Zeit, als die Kenntnisse über das Schärfen in der allgemeinen Bevölkerung verschwanden, auch der Glaube auf, das Schärfen sei eine schwierige Angelegenheit. Und sobald das passierte, begann unser kapitalistisches System, Produkte auf den Markt zu werfen, die uns bei dieser nicht zu bewältigenden Aufgabe ‚helfen' sollten. Hobel wurden (wie Rasierer) mit auswechselbaren Klingen ausgestattet, die man nicht mehr schärfen musste – man warf die stumpfen Klingen einfach fort. Man erfand allerlei neue Schärfmittel, um den Vorgang schneller, einfacher oder weniger schmutzig zu machen. Vorrichtungen, Führungen und ganze Maschinen wurden erfunden und hergestellt, um uns die Arbeit zu ersparen, einfach ein Stück Stahl über einen Stein zu reiben.

Und schließlich bekamen wir das, was wir verdienten: die Schärf-Gurus. Diese (meist wohlmeinenden) Menschen verwandelten eine einfache Aufgabe in eine Tätigkeit, die zergliedert, mit wissenschaftlichen Geräten untersucht, analysiert, quantifiziert, diskutiert und (das ist jetzt der schlimmste Teil) debattiert werden muss.

Wenn man dann noch in Betracht zieht, wie das Informationsangebot im Zeitalter des Internets explodiert ist, wundert es einen nicht mehr, dass manche angehenden Holzwerker vier Sätze von Schleifsteinen, sechs Schleifführungen und zwei elektrische Schleifmaschinen besitzen, aber keinen einzigen scharfen Stechbeitel.

Da die Welt des Schärfens so dümmlich ist, hatte ich mir geschworen, ihr möglichst fern zu bleiben. In den 15 Jahren, die ich Redakteur bei der Zeitschrift *Popular Woodworking* war, blieb mir aber kaum eine Wahl. Also besprach ich Dutzende verschiedener Schärfsysteme für die Zeitschrift und arbeitete mit professionellen Holzwerkern auf der ganzen Welt an Beiträgen über ihre Methoden, Werkzeug zu schärfen.

Wenn ich im Rückblick auf diese 15 Jahre schaue, werden mir einige Dinge klar.

Alle Schärfsysteme funktionieren gut. Ich habe gesehen, wie Zimmerleute ihre Stechbeitel auf den Stufen eines Gebäudes schärften (als Gleitmittel diente etwas Spucke). Und ich habe bei professionellen Schärfdiensten gesehen, wie die riesigen Messer für das Messern von Furnieren mit einer Polierpaste bearbeitet wurden, deren Schleifkörner nur Bruchteile eines Mikrometers groß sind. Es ist einfach: Wenn man Stahl und Stein gegeneinander reibt, kann man eine scharfe Schneide erhalten.

Die meisten Gerätschaften für das Schärfen sind überflüssig. Ein Werkzeughändler erzählte mir einmal, wie aufregend er einen neuen Schleifstein mit einer Körnung von 30000 fand. „Wie gut schleift er?", fragte ich. „Wen interessiert das schon?" antwortete er. „Die Gewinnspanne ist unglaublich."

Wenn Sie gute Ergebnisse beim Schärfen erzielen wollen, müssen Sie sich an ein System halten. Jedes Schärfsystem hat seine Eigenheiten. Wenn man immer wieder von Wassersteinen zu Diamantsteinen zu Ölsteinen zu Schleifpapier springt, wird man keines der Systeme jemals wirklich beherrschen. Man bleibt ein schlechter Schleifer und wird noch dazu ein armer Schlucker.

In den letzten Jahrzehnten habe ich meinen Schülern diese Ideen beigebracht. Aber es war ein aussichtsloser Kampf. Jedes Jahr kommen neue Schärfvorrichtungen und neue Schleifsteinmarken auf den Markt, und jedes Jahr gibt es neue pseudowissenschaftliche Studien, die beweisen, dass man Werkzeuge am besten schärft, indem man ...

Also beschloss ich, dieses Buch zu schreiben, von dem ich eigentlich gehofft hatte, dass jemand anderes es schreiben würde. Der Arbeitstitel lautete „Wie man Holzbearbeitungswerkzeuge schärft, wenn man nicht sein eigenes Süppchen kochen will". Meine Qualifikationen für diese Arbeit: Ich stelle keine Schleifwerkzeuge her, ich baue Möbel. Ich schärfe jeden Tag – nicht weil mir das Schärfen so viel Spaß macht, sondern weil ich so gerne Möbel baue. Das Schärfen ist für mich kein Hobby, und ich verdiene damit kein Geld. Und vor allem ist es mir letztendlich egal, wie Sie Ihre Werkzeuge schärfen.

Dieses Buch stellt den Versuch dar, alles zusammenzufassen, was ich jemals über Stahl, Schärfmittel und Schärfverfahren gelernt habe. Und es dann so zu erklären, dass Sie sich ein beliebiges Schärfsystem aussuchen und damit Schneiden so schärfen können, dass sie jedem praktisch arbeitenden Holzwerker Freude bereiten.

Und vor allem möchte ich Ihnen dabei helfen, Ihre Werkzeuge so schnell wie möglich zu schärfen. Das hat einen sehr wichtigen Grund: Es macht sehr viel mehr Spaß, Werkzeuge stumpf zu machen als sie scharf zu machen.

2
Was ist scharf?

Schärfe ist einfach. Sie liegt vor, wenn zwei Flächen „mit dem Radius Null" aufeinandertreffen.

Den Begriff „Schnittlinie mit dem Radius Null" oder ähnliches hört man immer wieder in Diskussionen über das Schärfen. Was aber bedeutet er genau? Wie so oft beim Schärfen ist es einfacher zu erklären, was damit nicht gemeint ist. Wir betrachten dazu zwei verschiedene Schneiden.

Bei der einen Schneide treffen die beiden Flächen (die Fase des Werkszeugs und seine Spiegelseite) aufeinander. Allerdings ist die Schneide durch fleißiges Arbeiten abgenutzt. Dabei wird die Schneide abgerundet, sodass sie einen Radius aufweist (so wie ein Kreis). Das ist eine stumpfe Schneide. Wir könnten es auch als „Schnittlinie mit einem Radius" bezeichnen. Ein wichtiger Hinweis: Ein Radius reflektiert das Licht.

Bei der zweiten Schneide treffen die beiden Flächen aufeinander, aber es gibt an dieser Stelle keinen Radius, keine Abrundung. Was gibt es stattdessen? Wir hoffen, dass die beiden Flächen - die Fase und die Spiegelseite - in einer einzigen Reihe von Eisenatomen aufeinandertreffen, die an der Spitze der Schneide liegt und gleichermaßen zu beiden Flächen gehört. Es gibt keine Abrundung der Spitze, und deshalb nennen wir dies eine „Schnittlinie mit dem Radius Null". Zweiter wichtiger Hinweis: Eine solche Schneide reflektiert kein Licht.

Zu einer solchen Schnittlinie ohne Radius kann man ganz unabhängig davon gelangen, wie man das Werkzeug schärft. Man kann eine Schnittlinie mit dem Radius Null erhalten, indem man einen Stechbeitel über einen Ziegelstein reibt, oder mit einer elektrischen Schleifmaschine oder mit einem Schleifstein.

Man kann sich gut vorstellen, dass ein Stechbeitel, der an einem Ziegelstein geschärft worden ist, seine scharfe Klinge nicht lange beibehalten wird. Das liegt daran, dass es noch andere Faktoren neben der Schärfe gibt, die eine Rolle dabei spielen, wie ein Werkzeug schneidet und wie hoch seine Standzeit ist. Wenn man diese Grundlagen kennt, wird man ein besser Schärfer und es fällt einem leichter, Probleme zu erkennen, die beim Schärfen auftreten mögen.

Winkel zwischen der Fase und der Spiegelseite

Eine Schneide ist die Kante, an der zwei Flächen aufeinandertreffen. Es gibt einen Winkel zwischen diesen beiden Flächen, und dieser Winkel ist ein Teil der Gleichung, die darüber entscheidet, ob man eine gute Schneide hat oder nicht. Es wird viel Aufhebens um Winkel gemacht, aber das ist vollkommen überflüssig, wenn es darum geht, gute Holzarbeiten herzustellen.

Bei den meisten Holzbearbeitungswerkzeugen wird die eine der beiden Flächen als Fase bezeichnet, während die andere meist Spiegel(-seite) oder Rückseite heißt. Ich verwende im Folgenden „Spiegelseite".

Bei der Holzbearbeitung kann der Winkel zwischen Fase und Spiegelseite eine große Bandbreite einnehmen. Meiner Erfahrung nach beträgt der geringste Winkel, der noch funktioniert, etwa 15°. Unterhalb von 15° fängt die Schneide sofort an auszubrechen. Der größte Winkel, der funktioniert, beträgt etwa 90°, allerdings ist das dann eine Schneide, die eher schabt als die Holzfasern zu zerschneiden.

Zwischen den beiden Extremen 15° und 90° liegen einige Allzweck-Winkel, die bei fast allen Holzbearbeitungswerkzeugen funktionieren. Meiner Erfahrung nach sind das Winkel

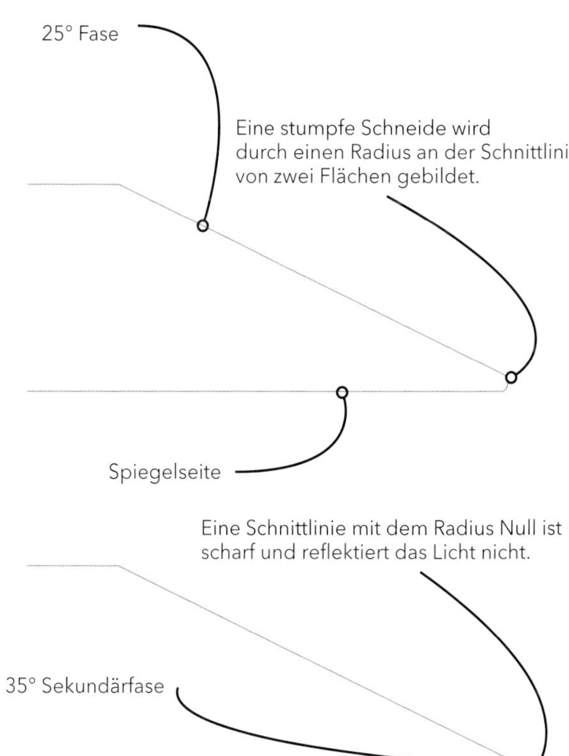

Abb. 2: Eine stumpfe Schneide (oben) reflektiert das Licht. Eine Schnittlinie mit dem Radius Null (unten) reflektiert das Licht nicht.

zwischen 25° und 35°. Wenn man einen dieser Winkel auswählt, alle seine Hobeleisen und Stechbeitel darauf zuschleift und sich danach immer an ihn hält, gibt es einen Faktor weniger, an den man sich erinnern muss (und eine Sache weniger, die man falsch machen kann), wenn es daran geht, Werkzeuge zu schärfen. (Abb. 2)

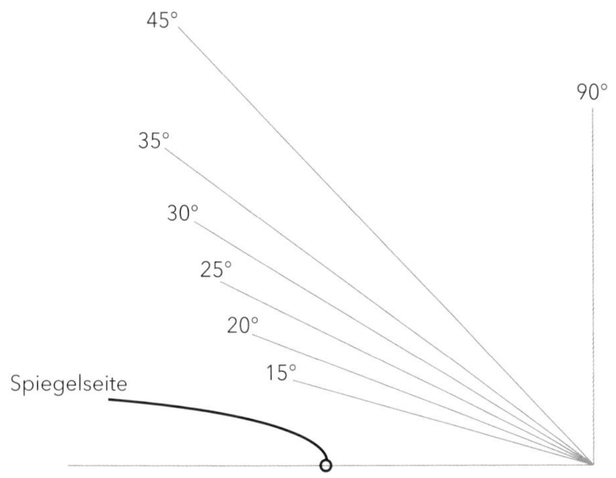

Abb. 3: Häufige Schneidenwinkel bei Holzbearbeitungswerkzeugen

Abb. 4: Der Verschnitt in einer Nut wird zuerst mit oben liegender Fase des Stechbeitels entfernt.

Ich verwende für fast alle meine Werkzeug Werkzeuge 35°. Sie entscheiden sich vielleicht für 30°. Oder für 32,5°. Ich werde nicht an Ihrer Entscheidung rummäkeln.

Wenn man den Schnittwinkel eines Werkzeugs vergrößert oder verkleinert, wirkt sich das darauf aus, wie das Werkzeug schneidet. Wenn man den Winkel verringert, lässt sich das Werkzeug leichter durch das Holz bewegen. Der Nachteil ist, dass Werkzeuge mit einem geringeren Winkel zwischen Fase und Spiegelseite schneller stumpf werden.

Für Werkzeuge mit einem größeren Winkel zwischen Fase und Spiegelseite gilt das Gegenteil. Das Werkzeug erfordert mehr Kraft beim Schneiden, wenn der Schnittwinkel groß ist. Aber dafür ist die Standzeit der Schneide höher.

Beachten Sie, dass Sie den Schnittwinkel dadurch verändern können, dass sie entweder mit der Fase oder mit der Spiegelseite schneiden. Das hört sich vielleicht zuerst etwas

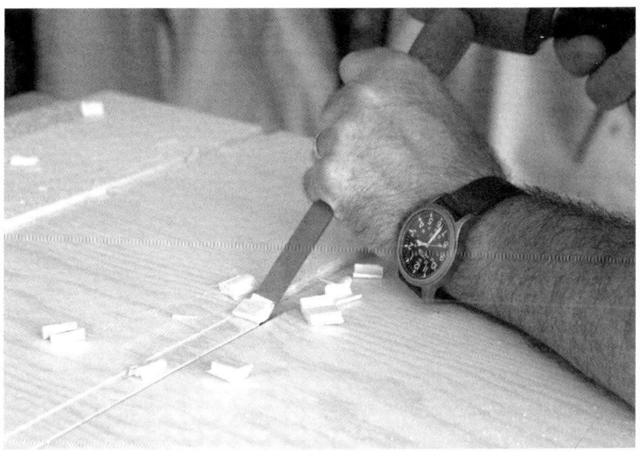

Abb. 5: Der restliche Verschnitt wird mit unten liegender Fase entfernt.

verwirrend an. Ich glaube aber, wenn Sie sich vorstellen, mit dem Stechbeitel eine Nut zu schneiden, wird es verständlicher. (Siehe auch Abb. 4 und 5)

Wenn Sie anfangen, den Verschnitt aus einer Nut zu entfernen, weist die Fase des Stechbeitels nach oben, sodass der Schnittwinkel durch die Fase bestimmt wird. Wenn der Schneidenwinkel 35° beträgt, dann ist der Schnittwinkel auch 35°.

Wenn Sie tiefer in der Nut arbeiten, müssen Sie den Beitel umdrehen und mit der Fase nach unten schneiden. Dann wird der Schnittwinkel durch Ihre Hände bestimmt und wie Sie den Stechbeitel halten. Meist wird er dann 45° oder 55° betragen. (Abb. 3)

Es ist besser, sich nicht allzu viele Gedanken über diese Winkel zu machen, auch wenn einem manche Leute erzählen wollen, dass jeder Stechbeitel einen etwas anderen Schneidenwinkel aufweisen sollte, um eine bestimmte Arbeit zu erledigen. Entscheiden Sie sich für einen Winkel zwischen 25° und 35° für Ihre Hobeleisen und Stechbeitel. Halten Sie sich an diesen Winkel, und Sie werden keine Probleme haben.

Über das Abziehen

Wenn wir eine Schnittlinie mit dem Radius Null geschaffen haben, ist das Werkzeug scharf. Allerdings ist die Schneide vielleicht nicht ideal für die anstehende Arbeit.

Wenn sie zum Beispiel an einer Schleifmaschine eine Schnittlinie mit dem Radius Null anschleifen und dabei eine 60er-Schleifscheibe verwenden, ist die Schneide zwar scharf, aber grob und schwach. Deshalb sieht dann die Oberfläche des Holzes, das Sie bearbeiten, rau und nicht glatt aus. Außerdem können Sie vielleicht nur einige Minuten mit dieser schartigen (aber scharfen) Schneide arbeiten.

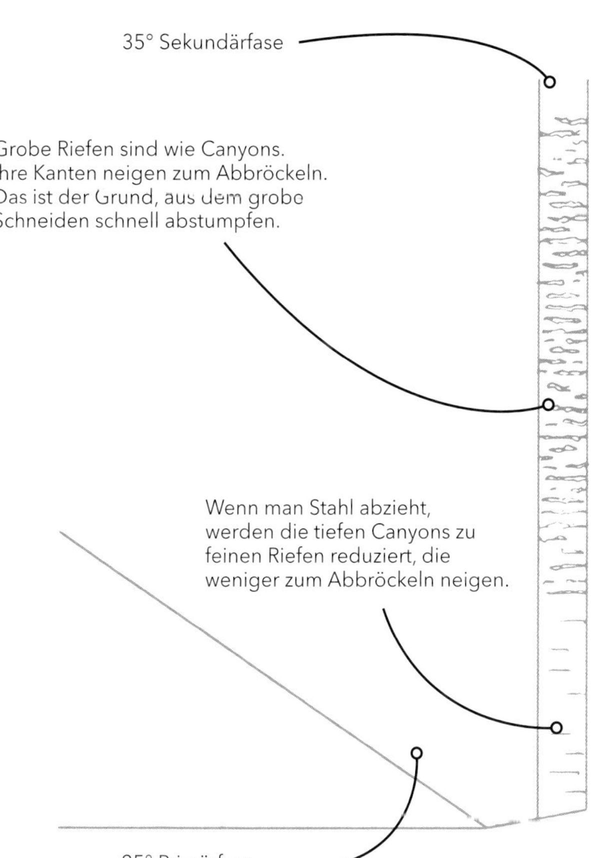

Abb. 6: Die Schneide eines Stechbeitels mit groben und feinen Riefen.

Aus diesem Grund gibt es Schleifsteine mit unterschiedlichen Körnungen. Die feineren Steine polieren den Stahl, indem sie die Schleifspuren entfernen, die von den gröberen Schleifmitteln zurückgeblieben sind. Im Deutschen nennt man diesen Poliervorgang „abziehen". Damit kommen wir zu einem weiteren wichtigen Prinzip beim Schärfen. Je besser eine Schneide abgezogen wird, desto höher wird ihre Standzeit.

Das Abziehen einer Schneide mit dem feinsten Schleifstein der Welt macht sie eigentlich nicht sehr viel schärfer (die Schärfe haben Sie schon mit einem groben Stein erzielt). Vielmehr werden die Schneiden durch das Abziehen haltbarer. In einem gewissen Maß wird auch das Aussehen der Holzoberfläche verbessert, die mit dem Werkzeug bearbeitet wurde.

Seit den Anfängen der menschlichen Zivilisation war die Möglichkeit, eine Schneide bis zum Hochglanz zu polieren, durch die natürlich vorkommenden Schleifmittel begrenzt. Es gab also keine großen Diskussionen darüber, wie sehr man eine Schneide polieren sollte. Heute gibt es aber Hersteller, die Schärfsysteme anbieten, die um Größenordnungen feiner sind als jene, die noch vor 50 Jahren zu bekommen waren.

Ist das gut? Für das Holzwerken: Eigentlich nicht. In den meisten Fällen dienen die ultrafeinen Schleifmittel nur einem Zweck: Ihnen das Geld aus der Tasche zu ziehen. Und nebenbei verbringen Sie so auch mehr Zeit mit dem Schärfen als damit, Möbel und anderes zu bauen. Wenn Sie sich an die Körnungen halten, die Holzwerker schon seit Jahrhunderten verwenden, reduziert sich die Zeit, die Sie für die Pflichtaufgabe des Schärfens aufwenden. Und Ihre Holzoberflächen werden genauso gut aussehen wie die von Museumsstücken.

Das nächste Kapitel über Schleifmittel gibt Ihnen eine klare Vorstellung davon, welche notwendig sind und bei welchen es sich eher um ultrafeine Quacksalberprodukte handelt.

Der Unterschied zwischen scharf und nicht scharf

Da wir jetzt in der Theorie wissen, was scharf ist - eine Schnittlinie mit dem Radius Null -, stellt sich als nächstes die Frage, wie wir ohne Elektronenmikroskop erkennen, ob ein Werkzeug scharf ist.

Es gibt verschiedene praktische Methoden. Die erste ist optisch. Wie bereits erwähnt, spiegelt eine Schnittlinie mit dem Radius Null das Licht nicht wieder, während eine abgerundete Schneide Licht zurückwirft. Wenn ich also ein Werkzeug aufnehme, sehe ich die Schneide genau an und bewege das Werkzeug hin und her, um festzustellen, ob sie das Licht spiegelt. (Abb. 7)

Wenn ich an der Spitze eine dünne Lichtlinie erkennen kann, ist die Schneide fast sicher zu stumpf, um mit ihr Holz

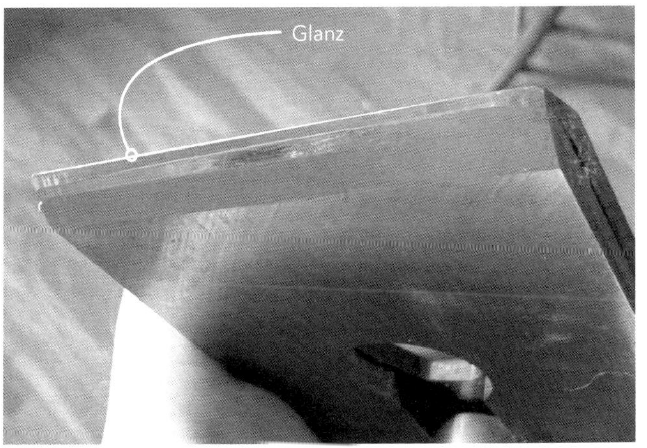

Abb. 7: Der schmale glänzende Streifen an der Spitze zeigt, dass dieses Werkzeug stumpf ist.

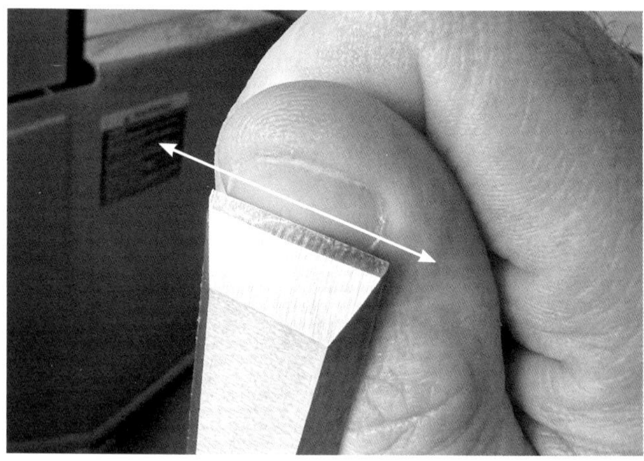

Abb. 8: Mit dem Daumennagel lässt sich spüren, ob die Schneide auf ganzer Länge glatt ist.

zu bearbeiten. Beachten Sie, dass diese helle Linie - oder der „Glanz"- sich nicht über die gesamte Schneide erstrecken muss, um zu einem Problem zu werden. Bei Hobeleisen kommt es häufig vor, dass der mittlere Teil der Schneide sich schneller abnutzt als die Ecken. In dem Fall sehen Sie also vielleicht nur in der Mitte der Schneide einen Glanz.

Wenn die Schneide beschädigt ist, weil sie auf einen Nagel oder ein anderes hartes Material getroffen ist, kann der Glanz sich auch als Ansammlung kleiner Flimmerstellen an der Schneide zeigen. Meist muss man in diesem Fall die Schneide reparieren, indem man den Schaden abschleift (mehr zum Schleifen folgt später).

Wenn ich die Schneide anschaue und keinen Glanz an ihrer Spitze erkennen kann, reibe ich als nächstes vorsichtig mit dem Daumennagel über die Schneide, um Rauigkeit oder schadhafte Stellen zu ermitteln, die ich nicht sehen kann. Wenn die Schneide perfekt ist, gleitet mein Daumennagel ohne Widerstand über sie hinweg. Wenn sie Schäden aufweist, fühle ich die Rauigkeit - so wie man Schlaglöcher in der Straße spürt, wenn man mit einem Kleinwagen über sie hinwegfährt. (Abb. 8)

Wenn die Schneide diese beiden Proben besteht, fange ich mit der Arbeit an. Wenn ich im Unterricht auf das Thema „Schärfen" komme, führe ich zwei weitere Tests vor, die sich gut für Anfänger eignen und für Menschen, deren Sehschärfe nicht (mehr) so gut ist.

Bei dem ersten verwende ich einen Klotz Nadelholz, meist das Reststück einer Bohle oder eines Kantholzes. Der Klotz wird mit dem Hirnholz nach oben in der Bankzange eingespannt. Dann versucht man, mit dem Werkzeug einen dünnen Span des Hirnholzes abzuschälen. Wenn das Werkzeug

Abb. 9: Durch das Abstechen von weichem Nadelholz lassen sich Fehler in einer Schneide aufdecken. Die linke Seite wurde mit einem scharfen Werkzeug bearbeitet. Die rechte mit einem stumpfen.

Abb. 10: Eine scharfe Schneide durchtrennt Zeitungspapier sauber.

richtig scharf ist, erhält man so eine perfekte glänzende Hirnholzfläche. Wenn man weiße Kratzer im Hirnholz sieht, ist die Schneide beschädigt. Wenn die Hirnholzfasern zerdrückt sind, ist das Werkzeug stumpf. (Abb. 9)

Für den zweiten Test verwendet man eine Seite Zeitungspapier. Man hält das Papier mit einer Hand und schneidet es mit einer abwärts gerichteten Bewegung. Das Zeitungspapier sollte mit einem glatten Schnitt durchtrennt werden. (Abb. 10)

Es gibt eine weitere Probe, die oft empfohlen wird, die ich aber für Quatsch halte: Man rasiert mit der Schneide die Haare auf seinem Unterarm ab. Ohne auf die Wahrscheinlichkeit einzugehen, dass dies zu einem Besuch der Notaufnahme führen könnte, lässt sich sagen, dass dieser Test nicht aussagekräftig ist. Man kann diese Haare auch mit einer recht stumpfen Klinge schneiden.

Sicherheitsratschlag: Verwenden Sie niemals Ihr eigenes Fleisch als Probestück für eine Schnittlinie mit dem Radius Null.

3
Womit schärft man Werkzeuge?

Die Wahl eines Schärfmittels kann anmuten wie die Aufforderung in einem asiatischen Restaurant, die gewünschte Schärfe der Speisen auf eine Skala von eins bis zehn anzugeben. Oft passen die Nummer, die man erbeten hatte, (zum Beispiel „drei") und das Ergebnis (Tränen in den Augen) nicht so recht zusammen.

Man würde denken, dass ein Wasserstein mit der Körnung 1000 genauso wirkt wie ein Stück Schleifpapier mit der Körnung 1000. Das stimmt nicht einmal entfernt. Das 1000er-Schleifpapier ist viel feiner als der Schleifstein. Und es wird noch verwirrender, wenn die Hersteller Bezeichnungen wie grob, mittel und fein verwenden. Ein „feiner" Crystolon-Schleifstein von Norton hat die gleiche Körnung wie ein „grober" Diamantstein von DMT.

Diese Systeme sind zwar sinnvoll, solange man sich an eine Marke von Schärfmitteln hält (ein 1000er Schleifstein der Marke Ice Bear ist immer grober als ein 5000er Stein von Ice Bear). Aber die Zahlen sagen nichts darüber aus, was der betreffend Stein beim Einsatz auf Stahl bewirkt. Ist ein 220er Schleifpapier grob genug, um Schäden an einer Stahlschneide zu beseitigen? Oder sollte man es besser verwenden, um eine Schneide abzuziehen?

Die beste Lösung besteht darin, die Grobheit oder Feinheit eines Schleifmittels anhand der Maßeinheit Mikrometer zu ermitteln. Ein Mikrometer ist der millionste Teil eines Meters. Das sagt einem noch nicht viel, außer dass ein Mikrometer winzig klein ist. Vielleicht hilft das Folgende: Ein menschliches Haar ist 70 Mikrometer stark, eine Spinnenwebe zwei bis drei Mikrometer.

Wenn es um das Schärfen geht, nehmen größere Partikel - beispielsweise mit einer Größe von 270 Mikrometer - Stahl schnell ab. Andererseits ergeben feine Partikel - 1,2 Mikrometer groß - eine Hochglanzfläche. Experten auf dem Gebiet des Schärfens werden darauf hinweisen, dass die Partikelgröße nicht das einzige Kriterium ist, wenn es darum geht, Schärfmitteln eine Körnung zuzuweisen. Darin stimme ich ihnen zu. Bis aber jemand ein besseres System vorschlägt, ist die Größe in Mikrometer das beste Einzelkriterium.

Wenn man also ermittelt hat, wie groß die Partikel in einem Schleifstein (in Mikrometer) sind, woher weiß man dann, für welche Verwendungszwecke er sich in der Werkstatt eignet?

Um diese Frage zu beantworten, muss man wissen, dass das Schärfen aus drei unterschiedlichen Arbeitsschritten besteht:

1. Schleifen
2. Schärfen
3. Abziehen

Was ist Schleifen?

Beim Schleifen wird schnell Metall abgenommen, Meist, indem man das Werkzeug an eine sich drehende Schleifscheibe hält. Die Partikelgröße für das Schleifen liegt zwischen 270 Mikrometer und etwa 40 Mikrometer. Wenn Holzwerker ein Werkzeug schärfen, beginnen sie damit nur selten an einer Schleifmaschine. Sie wird in der Regel eher für diese drei Arbeiten verwendet:

1. Die Beseitigung von Beschädigungen an einem Werkzeug, das mit einem Nagel oder einen Betonfußboden in Berührung gekommen ist.
2. Der Zuschliff einer Schneide zu einer anderen Form, um eine andere Arbeit damit auszuführen (zum Beispiel, um

die Schneide eines Hobeleisens ballig zuzuschleifen, die zuvor gerade war).
3. Die Verkleinerung einer Sekundärfase (mehr dazu, wenn ich im nächsten Kapitel den Lebenszyklus eines Werkzeugs bespreche).

Man schleift also nicht jedes Mal, wenn man ein Werkzeug schärft. Es ist sogar so, dass ich die Schleifmaschine höchstens einmal im Monat in Gang setze – falls ich nicht eine

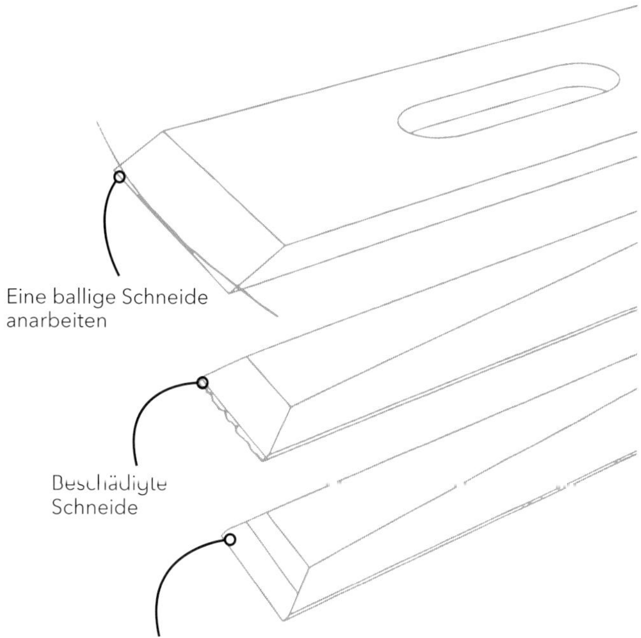

Abb. 11: Das Schleifen einer Schneide kann schnell aus einem nutzlosen Werkzeug ein perfektes machen.

Werkzeugschneide beschädigt habe. Manche Holzwerker versuchen, das Schleifen auf alle Fälle zu vermeiden, eine Einstellung, die ich nie verstanden habe. Bei den meisten Werkzeugen ist das Schleifen notwendige - Profilhobel gehören zu den Ausnahmen. Es löst viele Probleme. Und es ist schnell.

Es gibt noch etwas Wichtiges zum Schleifen zu sagen: Man benötigt nur eine Körnung. Sie brauchen keine Schleifmaschine mit Schleifsteinen in 60er und 80er Körnungen. Damit bewirken Sie nichts, außer wertvollen Werkzeugstahl von Ihren Stechbeiteln abzunehmen. Entscheiden Sie sich für eine einzige Körnung - eine grobe, die einfach zu bekommen ist - und das war's.

Was ist Schärfen?

Das Wort „Schärfen" wird mit verschiedenen Bedeutungen verwendet. In diesem Buch wird damit genau ein Vorgang bezeichnet. Man schärft ein stumpfes Werkzeug, wenn man an ihm eine neue Schnittlinie mit dem Radius Null anbringt. Mit anderen Worten: Beim Schärfen wird der stumpfe Radius an der Spitze entfernt und eine frische Schneide angearbeitet.

Die Partikelgröße beim Schärfen liegt zwischen etwa 35 Mikrometer und etwa 12 Mikrometer. Partikel dieser Größe sind grob genug, um schnell Stahl abzunehmen - die meisten Schneiden sind nach etwa zehn Sekunden aufgefrischt. Sie sind aber fein genug, um keine tiefen Riefen zu verursachen, die sich beim Abziehen nur schwer auspolieren lassen.

Es gibt noch etwas Wichtiges beim Schärfen: Sie benötigen dafür nur einen Stein oder eine Körnung. Wenn Sie einen Wasserstein mit einer 1000er Körnung und einen Wasserstein mit einer 1200er Körnung besitzen, dann sind das beides Steine zum Schärfen. Sie brauchen nicht beide. Falls Sie beide Steine verwenden, tragen Sie dabei mehr Stahl ab

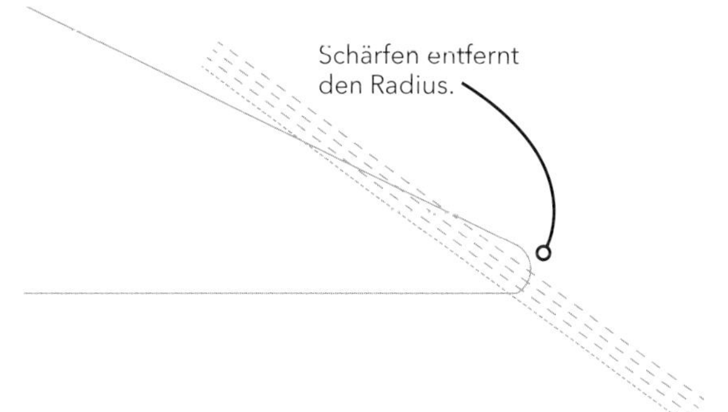

Abb. 12: Mit einem Schärfstein lässt sich schnell der stumpfe Radius an der Spitze entfernen, um eine frische Schneide zu erhalten.

als nötig, verlangsamen den Vorgang des Schärfens und arbeiten auch schnell eine Sekundärfase an, die riesig und störend ist. Suchen Sie sich also einen Schärfstein aus, und lassen Sie es damit gut sein.

Was ist Abziehen?

Beim Abziehen geht es darum, die Riefen zu entfernen, die das Schärfen hinterlassen hat. Damit wird die Schneide glatt und haltbar gemacht. Obwohl es althergebrachte Richtlinien gibt, entscheidet letztendlich Ihre persönliche Vorliebe darüber, wieviel Sie abziehen. Vielleicht besitzen Sie einen Stein zum Abziehen, vielleicht auch drei. Vielleicht haben Sie auch einen Abziehstein und einen Streichriemen, auf den Sie eine Polierpaste auftragen. (Abziehen ist keine Zauberei, es ist Abziehen.)

Beim Abziehen arbeitet man mit winzigen Partikeln, von zehn Mikrometer bis hinab zu 0,5 Mikrometer. Je geringer die Partikelgröße beim letzten Abziehgang ist, desto stärker

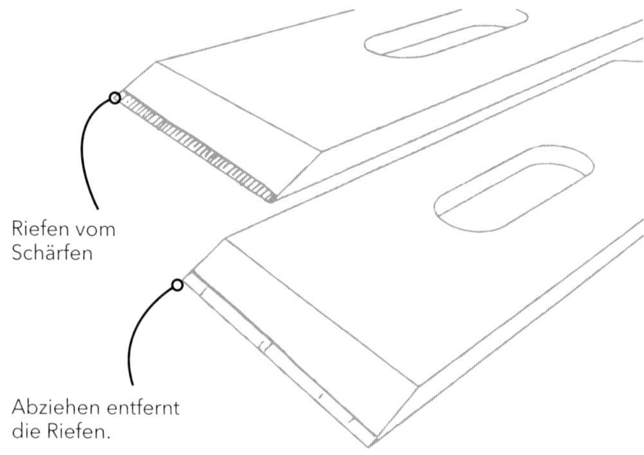

Abb. 13: Abziehsteine nehmen kleine Materialmengen ab, um die groben Riefen zu entfernen, die beim Schärfen entstanden sind.

wird die Schneide poliert. Beim Abziehen sollte man auf die Kosten-Nutzen-Relation achten. Feine Riefen mit dem Abziehstein zu entfernen, kann lange dauern, manchmal sehr lange. Und es kann sein, dass der Nutzen nur schwer zu erkennen ist. (Abb. 13)

(Hinweis: Schärf-Gurus werden Ihnen sagen, Sie seien einfach nicht aufmerksam genug, um zu erkennen, wie sehr die extrafeinen Abziehkörnungen helfen. Unter dem Strich gilt beim Schärfen Folgendes: Wenn man keinen Vorteil erkennen kann, gibt es keinen.)

Wie gehen Holzwerker also meist vor, wenn es um das Abziehen geht? Manche schärfen das Werkzeug und ziehen dann die Schneide mit einem Stein ab, der zwei oder drei Mikrometer hat, und gehen dann wieder an die Arbeit. Andere machen das genauso und gehen dann noch einen Schritt weiter, indem sie auf einem Ein-Mikrometer-Stein abziehen oder auf einem Streichriemen, auf dessen Leder sie eine Ein-Mikro-Polierpaste aufgetragen haben.

Wenn man tiefer als ein Mikrometer geht – in das Reich der feinsten Partikel –, dann gehört man zu den Leuten, die das Schärfen als eigenständige Freizeitbeschäftigung ansehen. Oder zu jenen, die einfach nur glauben möchten, dass der Stein, für den sie 360 Dollar bezahlt haben, auch etwas bewirkt.

Die Korngröße des Schärfmittels feststellen

Die meisten Hersteller geben die Korngröße ihrer Schärfmittel an. Falls nicht, fragen Sie nach. Falls der Hersteller ihnen die Daten nicht geben möchte (oder kann), sollten Sie es vielleicht mit einer anderen Marke versuchen. Man kann die Korngröße auch in Erfahrung bringen, indem man einen Messerhersteller fragt. Wenn es eine Gruppe von Menschen gibt, die begeistert mit Schneidenwerkzeugen arbeiten und sich noch mehr über das Thema Schärfen ereifern können als die Holzwerker, dann sind es die Messerenthusiasten.

Viele Messerbauer, die mit dem Schärffimmel infiziert sind, haben Unterlagen über die Korngröße der meisten Schärfmittelmarken zusammengetragen. Und diese Zahlen veröffentlichen sie auch auf ihren Internetseiten. Allerdings kann keine Internetseite Auskunft darüber geben, wie konsistent die Korngröße der verschiedenen Schärfmittel ist. So kann zum Beispiel ein billiger Abziehstein in der Fabrik vielleicht mit größeren Partikeln verunreinigt worden sind, die eher zum Schärfen als zum Abziehen geeignet wären. Diese vereinzelten Brocken in Schärfgröße führen dann dazu, dass es einem partout nicht gelingt, alle Riefen aus der Schneide auszupolieren. Die übergroßen Partikel verursachen einfach immer mehr Riefen, je intensiver man mit dem Stein arbeitet.

Das ist keine blasse Theorie. Ich habe künstliche Steine gekauft und verwendet, die mit groben Partikeln verunreinigt waren. Bevor Sie allerdings einen solchen Stein umtauschen oder entsorgen, können Sie versuchen, ihn einige Male abzurichten (s. Kap. 9). So können Sie feststellen, ob:

1. Sie den Stein versehentlich selbst mit gröberen Partikeln verschmutzt haben (das kommt vor).
2. Die großen Partikel nur in der Oberfläche des Steins eingebettet sind, und der Stein einwandfrei funktioniert, sobald Sie diese Partikel durch das Abrichten entfernt haben.

Die Rede von Verunreinigungen lässt sich leicht zusammenfassen: Man bekommt das, wofür man bezahlt hat. Höherwertige Steine sind von konsistenterer Qualität. Billigsteine eines No-Name-Herstellers, die man von einem zwielichtigen Händler kauft, sind ein Glücksspiel.

Die Wahl des Schärfmittels

Entscheiden Sie sich zuerst für ein Schärfmittel, um Ihre Werkzeuge zu schleifen. Wie bereits erwähnt, gehört das Schleifen nicht zum alltäglichen Ritual. Und meist wird man mit einer elektrischen oder handbetriebenen Maschine schleifen. Wählen Sie also für diese Aufgabe einen Schleifstein, den Sie sich leisten können. Am preiswertesten sind Steine aus Siliziumkarbid, dann folgen diamantbesetzte Steine und schließlich solche aus kubischem Bornitrid (cubic boron nitride: CBN). Was rechtfertigt den höheren Preis? Der geringere Wartungsaufwand.

Zum Schärfen und Abziehen sollten Sie nicht mehr Schärfmittel unterschiedlicher Art einsetzen als nötig. Sie machen sich das Leben unnötig schwer, wenn Sie einen Diamantstein, einen Ölstein, einen Wasserstein und dann zum Abziehen eine Polierpaste verwenden. Jedes dieser Schärfmittel liefert ein anderes Feedback, jedes schärft mit unterschiedlicher Geschwindigkeit, und jedes erfordert andere Methoden der Instandhaltung.

Entscheiden Sie sich stattdessen für ein System - beispielsweise nur Wassersteine. Oder nur Diamantsteine - vielleicht in Verbindung mit einer Diamantpaste. Oder Ölsteine in Verbindung mit einem Streichriemen, den Sie mit einer Abziehpaste versehen haben (mit Ölsteinen erreicht man nicht mehr als eine gewisse Schärfe). Oder Schleifpapier. Halten Sie sich an ein einziges System, wenn Sie das Schärfen erlernen, und Sie werden schnell Fortschritte machen.

Die Tabelle am Ende dieses Kapitels vermittelt Ihnen eine Vorstellung von der Korngröße vieler typischer Schärfmittel. Außerdem zeigt sie, welche Produkte für das Schleifen, welche für das Schärfen und welche für das Abziehen geeignet sind.

Es kommt nicht darauf an, für welches Schärfsystem Sie sich entscheiden. Sie funktionieren alle. Falls Sie sich für eine schonungslose Diskussion der Vor- und Nachteile der verschiedenen Systeme interessieren, können Sie den Anhang am Ende des Buches lesen.

Man braucht keinen rationalen Grund, um sich für das eine oder das andere System zu entscheiden. Viele Holzwerker wählen das gleiche System wie die Person, bei dem sie das Schärfen erlernt haben. Oder sie fangen mit einem Schleifstein an, der einem verehrten Vorfahren gehört hat. Oder sie finden einfach die Vorstellung ansprechend, 20 Karat Diamanten zu besitzen. Oder sie haben nur 20 Euro, die sie ausgeben können.

Das sind alles annehmbare Gründe, sich für ein bestimmtes System zu entscheiden, und sie führen alle zu scharfen Werkzeugschneiden.

Schleifmittel

Mikrometer	Produkt
141	P100 Schleifpapier
127	P120 Schleifpapier
97	P150 Schleifpapier
78	P180 Schleifpapier
68	Lee Valley #280 Wasserstein
67	Shapton #220 Wasserstein
65	P220 Schleifpapier
60	DMT extragrober Diamantstein
58	P240 Schleifpapier
53	P280 Schleifpapier
46	P320 Schleifpapier
45	DMT grober Diamantstein, Tormek grobe Diamantschleifscheibe
41	P360 Schleifpapier

Schärfmittel

Mikrometer	Produkt
35	P400 Schleifpapier
29	#500 Shapton Wasserstein, #600 Lee Valley Wasserstein
27	P600 Schleifpapier
25	DMT feiner Diamantstein, Tormek feine Diamantschleifscheibe
22	P800 Schleifpapier
20	#800 Lee Valley Wasserstein
16	#1000 Lee Valley Wasserstein
16	P1200 Schleifpapier
15	#1000 Shapton Wasserstein
13	P1500 Schleifpapier

Abziehmittel

Mikrometer	Produkt
9	DMT extrafeiner Diamantstein, Tormek extrafeine Diamantschleifscheibe
8	P2500 Schleifpapier
7	#2000 Shapton Wasserstein, DMT Keramikstein
6	DMT Dia-paste (6 Micron)
4	#4000 Shapton Wasserstein
3	DMT Dia-paste (3 Micron), Tormek PA70 Schleifpaste
1,84	#8000 Shapton Wasserstein
1	DMT Dia-paste (1 Micron)
0,92	#16000 Shapton Wasserstein
0,5	Grüne Polierpaste
0,49	#30000 Shapton Wasserstein

Hinweis: Schleifpapiere nach dem US-amerikanischen CAMI-System sind nicht aufgenommen. Gegenüber der amerikanischen Originalausgabe wurden nur Hersteller von Schleifsteinen aufgeführt, deren Produkte in Deutschland leicht erhältlich sind. Die Unterscheidung zwischen Schleif-, Schärf- und Abziehmitteln stammt vom Übersetzer. Diese Liste versteht sich als Orientierungshilfe angesichts der teilweise nicht vergleichbaren Korngrößen, nicht als Einkaufsführer.

Quellen: Angaben aus allgemein zugänglichen Veröffentlichungen, eigene Anfragen bei Herstellern.

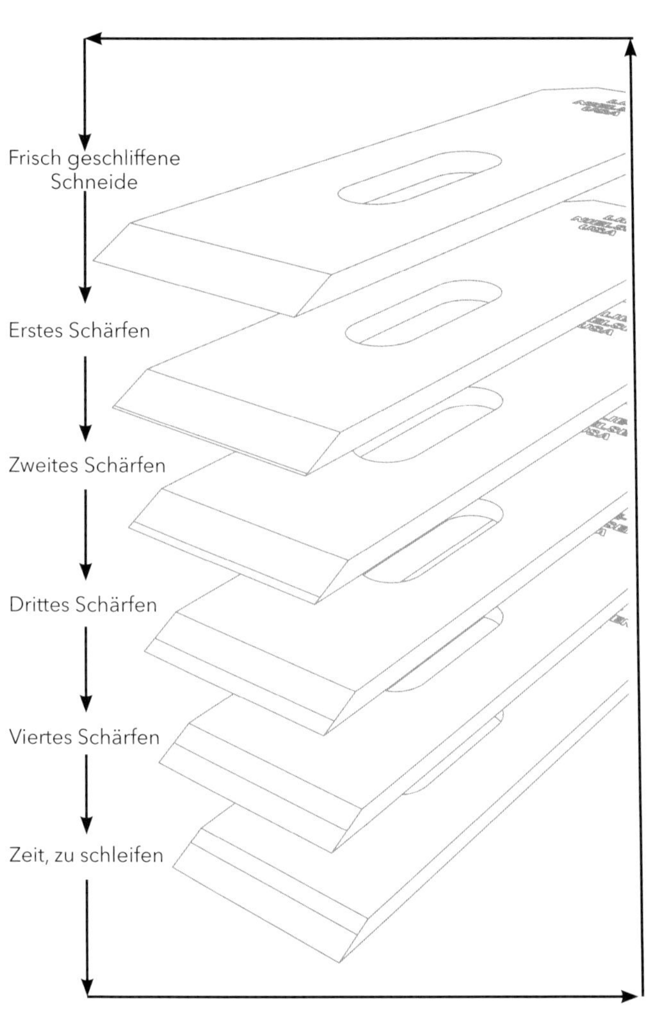
Frisch geschliffene Schneide
Erstes Schärfen
Zweites Schärfen
Drittes Schärfen
Viertes Schärfen
Zeit, zu schleifen

4
Der Lebenszyklus einer Schneide

Eine der Fragen, die mir am häufigsten über das Schärfen gestellt wird, und die ich nicht beantworten kann, lautet: „Wie oft sollte ich schärfen?"

Die richtige, aber unbefriedigende Antwort ist: Eigentlich immer dann, wenn Sie sich die Frage stellen „Sollte ich schärfen?"

Wenn ich mir diese Frage stelle, halte ich inne und sehe mir die Schneide meines Werkzeugs an. Kann ich eine Lichtreflexion an der Spitze der Fase erkennen? Falls ja, dann ist es Zeit zu schärfen. Ich sehe mir meine Arbeit an und kontrolliere, ob die Oberfläche sauber ist oder ob sich feine weiße Linien oder Kratzer im Holz zeigen. Falls ich solche Linien sehe, ist die Schneide vermutlich beschädigt und muss nachgeschliffen werden. Und ich rufe mir die letzten paar Minuten meiner Arbeit ins Gedächtnis. Falls die Arbeit anstrengender als zu erwarten war, dann ist es Zeit zu schärfen.

Man muss auch eine Sensibilität für die Eigenarten seiner Werkzeuge entwickeln. Es kann vorkommen, dass es nicht die Schneide des Werkzeugs ist, die zu Problemen führt. Das heißt, Sie haben die Schneide geschärft, und das Problem bleibt bestehen. Was tut man dann? (Abb. 14)

Die gute Nachricht ist, dass Sie durch den Augenblick Zeit, den Sie sich genommen haben, um das Werkzeug zu schärfen, die häufigste Ursache für Fehlfunktionen eines Handwerkzeugs ausgeschlossen haben: nämlich eine stumpfe Schneide. Dann müssen Sie sich nur noch die anderen Bauteile des Werkzeugs ansehen. Falls Ihr Hobel eine raue Oberfläche hinterlässt, könnte es daran liegen, dass seine Sohle irgendwo an der Kante beschädigt ist. Also müssen Sie solche

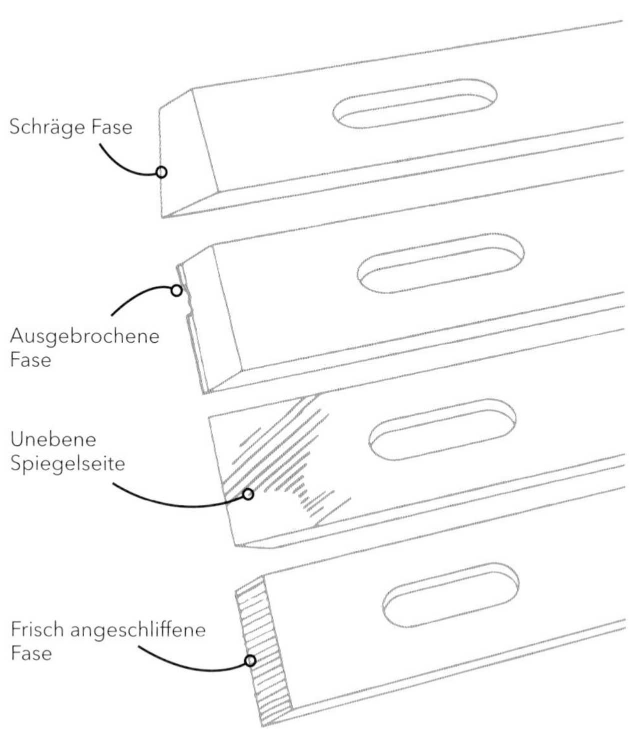

Abb. 14: Wenn man ein paar Jahre Werkzeuge geschliffen hat, sieht man, wie sich ihr Lebenszyklus abspielt.

Beschädigungen mit einer Feile eliminieren. Falls der Hobel sich nur mit Mühe über das Holz bewegen lässt, liegt das vermutlich daran, dass der Spanbrecher zu dicht an der Schneide anliegt, was zu recht beeindruckendem Widerstand führen kann. Falls beides zutrifft - der Hobel setzt der Bewegung über das Holz Widerstand entgegen und hinterlässt zudem noch eine raue Oberfläche - ist die Wahrscheinlichkeit hoch, dass sich der Spanbrecher über die Schneide des Eisens hinaus nach vorne verschoben hat. In diesem Fall wird das Holz nicht vom Hobeleisen geschnitten, sondern vom Spanbrecher. Das ist ein häufiges Problem.

Falls nach dem Schärfen ein Beitel immer noch nicht gut schneidet, liegt das oft daran, dass es Ihnen nicht gelungen ist, durch das Schärfen eine neue Schnittlinie mit dem Radius Null herzustellen. Auch das ist ein Problem, das Anfänger auf dem Gebiet des Holzwerkens oft haben.

Um aber ehrlich zu sein: Schärfe ist fast immer die Lösung. Wenn Sie mehr Erfahrung mit dem Schärfen sammeln, werden Sie feststellen, dass dieser Prozess einem Muster oder Rhythmus unterliegt, der im Wesentlichen zirkulär ist, wie der Lebenszyklus eines Froschs. Dieser Zyklus beginnt mit einer Kaulquappe, die zu einem Frosch heranwächst, von dem dann die nächste Generation von Kaulquappen abstammt. Bei Werkzeugen ist es: schärfen, abziehen, schärfen, abziehen, schärfen, abziehen, schleifen – dann beginnt der Zyklus wieder von vorne. Das folgende Flussdiagramm macht – hoffe ich wenigstens – deutlich, wie sich das Schärfen über einen längeren Zeitraum in der Werkstatt abspielt. Ein Stechbeitel braucht vielleicht ein Jahr, um den Zyklus zu vollenden. Oder eine Woche. Es hängt vor allem davon ab, wieviel Sie mit Ihren Werkzeugen arbeiten und wie sehr Sie sie strapazieren.

Das Flussdiagramm setzt in dem Augenblick ein, in dem Sie feststellen, dass ein Werkzeug stumpf ist.

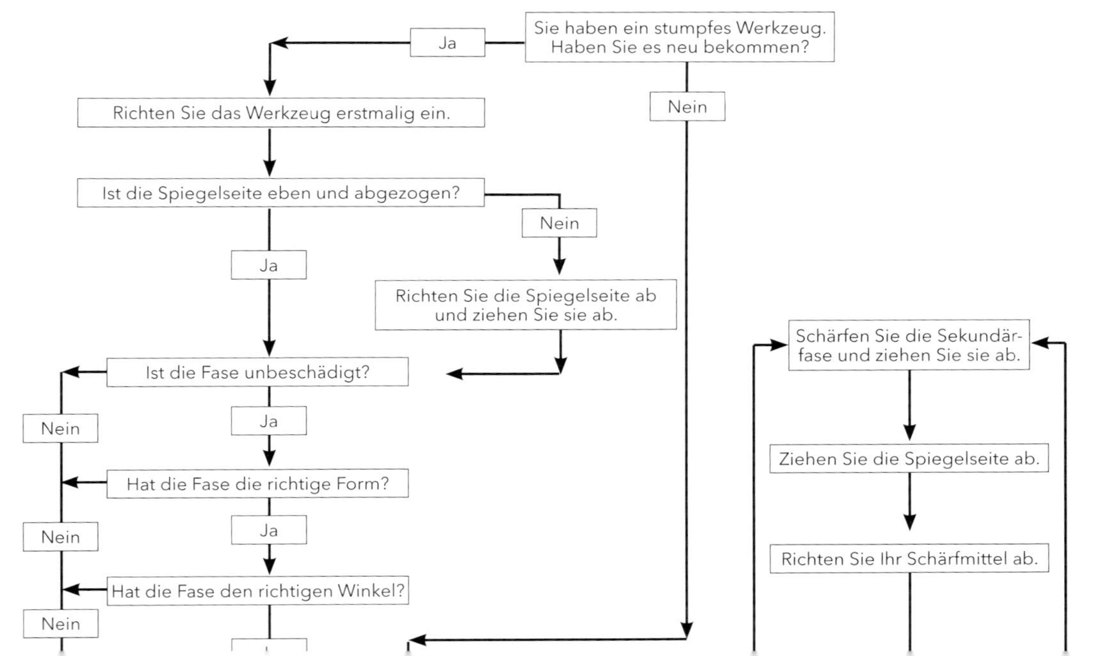
Sie haben ein stumpfes Werkzeug. Haben Sie es neu bekommen?
Ja
Nein
Richten Sie das Werkzeug erstmalig ein.
Ist die Spiegelseite eben und abgezogen?
Nein
Richten Sie die Spiegelseite ab und ziehen Sie sie ab.
Ja
Ist die Fase unbeschädigt?
Ja
Hat die Fase die richtige Form?
Ja
Hat die Fase den richtigen Winkel?
Nein
Nein
Nein
Schärfen Sie die Sekundärfase und ziehen Sie sie ab.
Ziehen Sie die Spiegelseite ab.
Richten Sie Ihr Schärfmittel ab.

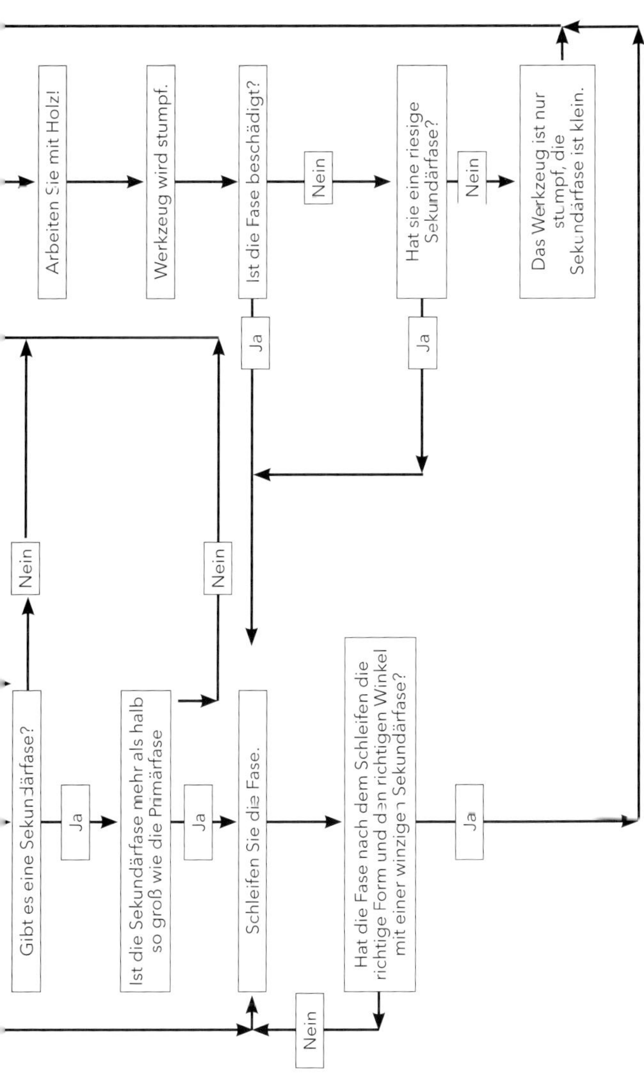

Arbeiten Sie mit Holz!
Werkzeug wird stumpf.
Ist die Fase beschädigt?
Nein
Hat sie eine riesige Sekundärfase?
Nein
Das Werkzeug ist nur stumpf, die Sekundärfase ist klein.
Ja
Ja
Gibt es eine Sekundärfase?
Ja
Nein
Ist die Sekundärfase mehr als halb so groß wie die Primärfase
Ja
Nein
Schleifen Sie die Fase.
Hat die Fase nach dem Schleifen die richtige Form und den richtigen Winkel mit einer winzigen Sekundärfase?
Ja
Nein

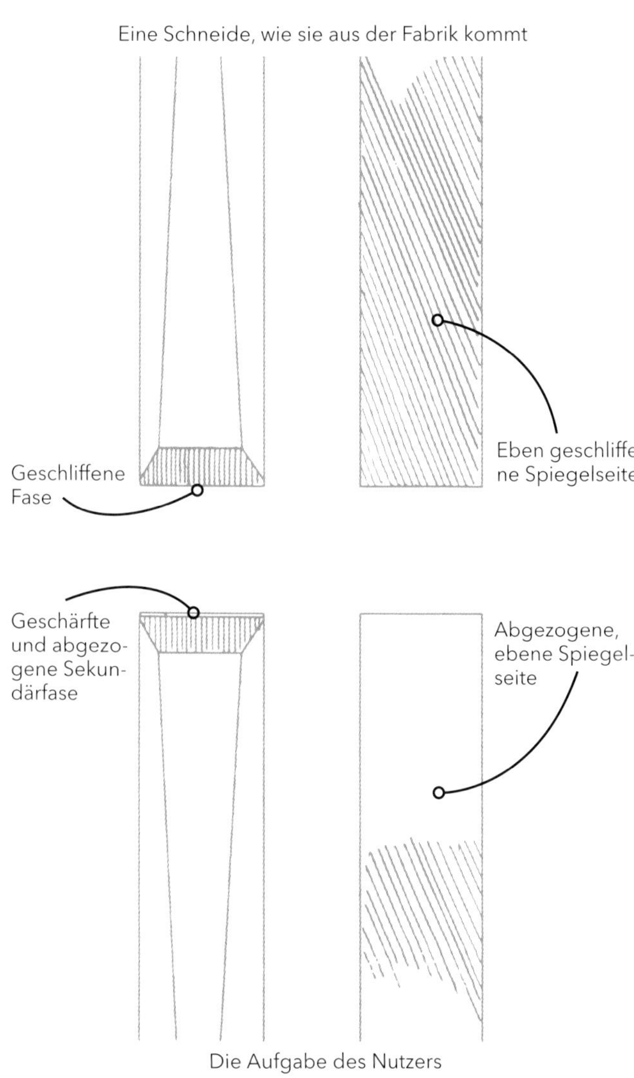
Eine Schneide, wie sie aus der Fabrik kommt
Geschliffene Fase
Eben geschliffene Spiegelseite
Geschärfte und abgezogene Sekundärfase
Abgezogene, ebene Spiegelseite
Die Aufgabe des Nutzers

5
Ein neues Werkzeug auf die erste Verwendung vorbereiten

Wenn man ein neues Werkzeug erwirbt, ist die Schneide meist nicht für den sofortigen Einsatz geeignet. Die meisten Hersteller schleifen einfach die Fase und die Spiegelseite eines neuen Werkzeugs, sodass Ihnen die Arbeit überlassen wird, diese beiden Seiten zu schärfen und abzuziehen.

Warum die Hersteller das so machen? Der Preis des Werkzeugs lässt sich so niedriger halten. Das Läppen und Polieren von Stahlflächen, sodass ihre Schnittlinie (die Schneide) einsatzfähig ist, erfordert entweder erfahrene Arbeitskräfte oder teure Maschinen. Manche Hersteller scheuen sich nicht, diesen zusätzlichen Aufwand zu betreiben. Die meisten sind allerdings schon seit langem nicht mehr dazu bereit.

Falls Sie lieber mit alten Werkzeugen arbeiten, müssen Sie wahrscheinlich in die Instandsetzung von deren Schneiden noch mehr Arbeit investieren als in ein neues Werkzeug. Die meisten gebrauchten Werkzeuge sind so misshandelt worden, dass sehr viel Arbeit an ihren Metallteilen notwendig ist, um sie einsetzen zu können.

Ich untersuche und bereite ein Werkzeug auf die folgende Weise auf das Schärfen vor, bevor ich damit zu arbeiten beginne.

Die Fase untersuchen

Die meisten neuen Werkzeuge werden mit einer Fase ausgeliefert, die genau im rechten Winkel zu den Seiten und in

Abb. 15: Das Wenigste, was man von einem Werkzeughersteller erwarten sollte, ist eine grade und im richtigen Winkel geschliffene Fase.

einem Winkel von 25° zur Spiegelseite angeschliffen ist. Die Fase sollte keine Beschädigungen aufweisen, sondern nur die Schleifspuren zeigen, die sich bis zur Schneide erstrecken. (Abb. 15)

Manche Hersteller schleifen eine winzige Sekundärfase an der Spitze an, aber ich habe noch kein Exemplar gesehen, dass sich sofort hätte einsetzen lassen. Falls die Fase eben ist, einen Winkel von 25° aufweist und keine Beschädigungen zeigt, können Sie sich der Untersuchung der Spiegelseite zuwenden. Falls die Fase jedoch ausgebrochen ist, schräg oder zu steil (35° oder mehr) angeschliffen ist, sollte die erste Arbeit darin bestehen, diese Fehler an der Schleifmaschine zu beseitigen.

Im folgenden Kapitel Sechs wird im Detail erklärt, wie man eine Schneide anschleift. Sobald die Fase des Werkzeugs eben und rechtwinklig ist sowie einen Winkel von 25° aufweist, drehen Sie es um und sehen sich die Spiegelseite an.

Die Spiegelseite untersuchen

Wenn Sie sich die Spiegelseite eines Werkzeugs ansehen, kommt wahrscheinlich ein der folgenden Situationen zutage:

1. Die Spiegelseite ist mit den groben Riefen bedeckt, die vom Schleifen bei der Herstellung herrühren.
2. Falls es ein altes Werkzeug ist, sehen Sie vielleicht Rost oder tiefen Korrosionsfraß, vielleicht auch die Spuren, die ein voriger Besitzer bei dem mehr oder weniger gelungenen Versuch hinterlassen hat, die Fläche eben zu schleifen oder abzuziehen.
3. In den wenigsten Fällen ist die Spiegelseite vom Hersteller geläppt worden. Dann ist sie entweder bis zum Spiegelglanz abgezogen worden (und macht so ihrem Namen Ehre) oder sie sieht stumpf-grau aus, zeigt aber keine unmittelbar sichtbaren Schleifspuren. Falls die Spiegelseite vom Hersteller geläppt worden ist, sollten Sie nicht versuchen, das Ergebnis zu verbessern. Sie würden es vermutlich eher verschlechtern. Gehen Sie stattdessen gleich zum Abschnitt über das Abziehen der Fase (Kapitel Sieben).

Falls Sie ein Werkzeug haben, bei dem die Spiegelseite nur grob geschliffen ist oder ungleichmäßig wirkt, können Sie am besten feststellen, ob sie wirklich eben ist, indem Sie damit über einen recht grobkörnigen Schleifstein reiben. Ich verwende dafür meinen Schärfstein (in meinem Fall ist das ein Wasserstein mit 1000er Körnung).

Befeuchten Sie den Stein zuerst mit dem entsprechenden Gleit- bzw. Anfeuchtmittel (Wasser, Öl usw.). Reiben Sie dann die Spiegelseite über den Stein. Bei schmalen Werkzeugen wie Stechbeiteln verwenden Sie eine schiebende Bewegung,

Abb. 16: Mit dieser Bewegung vermeidet man, die Spiegelseite des schmalen Werkzeugs abzurunden.

Abb. 17: Bei breiteren Werkzeugen ist es effizienter, sie in Längsrichtung des Steins zu bewegen.

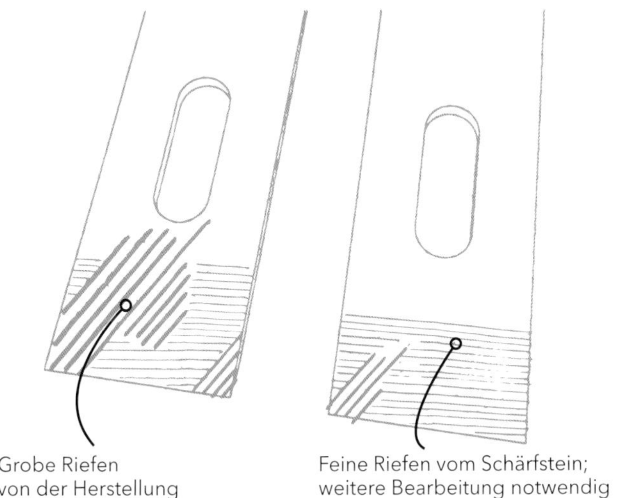

Abb. 18: Das Abrichten der Spiegelseite eines Werkzeugs kann Sekunden dauern, aber auch Stunden, je nachdem wie es aus der Fabrik kam.

bei der die Schneide einige Male auf dem Stein vor und zurück bewegt wird. (Abb. 16)

Bei breiteren Werkzeugen wie Hobeleisen wird die Spiegelseite einige Male in Längsrichtung des Steins hin und her bewegt. (Abb. 17)

Kontrollieren Sie danach die Spiegelseite. Sie werden feine Riefen vom Schärfstein auf der Oberfläche des Stahls erkennen. Wenn es Ihr Glückstag ist, erstrecken sich die Riefen über die ganze Breite der Spiegelseite (wie in Abb. 20). Meist werden Sie aber nur an manchen Stellen Riefen erkennen (wie in Abb. 18). Dann muss das Werkzeug weiter bearbeitet werden.

Man braucht Geduld, um die Spiegelseite abzurichten. Man kann sich die Arbeit erleichtern, indem man einen

Abb. 19: Mit einem magnetischen Halter kann man nach unten gerichteten Druck genau dort ausüben, wo er benötigt wird.

schweren Magnet am Werkzeug anbringt, der als bequemer Griff dient und es ermöglicht, die Spiegelseite mit einigem Druck über den Stein zu führen. Ich verwende einen preiswerten elektromagnetischen Halter, wie er für Maschinenbauwerkzeuge verwendet wird. Der Magnet lässt sich mit einem Schalter ein- und ausschalten, sodass er leicht vom Werkzeug abgenommen werden kann. (Abb. 19)

Achten Sie darauf, den Stein feucht zu halten, und wischen Sie alle paar Minuten den schwarzen Metallstaub ab, der sich auf ihm absetzt. Das sorgt dafür, dass der Stein immer gut Material abträgt. Bearbeiten Sie die Spiegelseite so lange, bis die feinen Riefen vom Schärfstein bis an die Spitze des Werkzeugs reichen.

Falls es Ihnen schwer fällt, die Riefen zu erkennen, die vom Schärfstein hinterlassen werden, gibt es einige Tricks, die Ab-

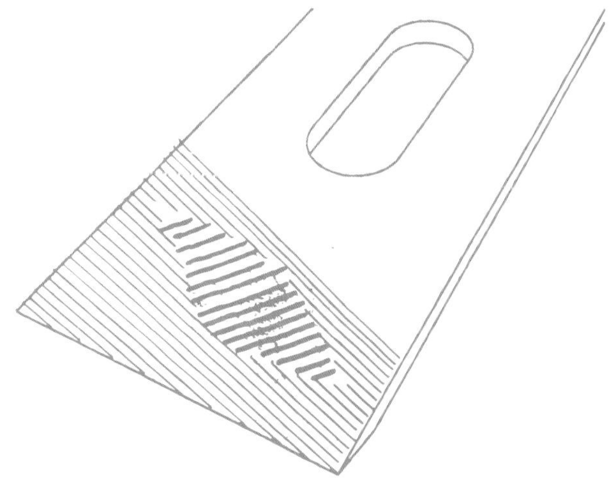

Abb. 20: Das Ziel: Riefen, die bis ganz an die Schneide reichen. Dadurch kann man eine Schnittlinie mit dem Radius Null anarbeiten.

hilfe schaffen können. Bemalen Sie die Spiegelseite des Werkzeugs mit einem Permanentmarker.

Nach einigen Zügen über den Schärfstein sind nur noch die tiefer liegenden Stellen mit Markertinte bedeckt.

Manchmal lässt sich die Farbe des Markers zu leicht abwischen. Benutzen Sie in diesem Fall statt des Permanentmarkers eine flüssige Anreißfarbe, wie sie von Maschinenbauern verwendet wird (eine geläufige Marke ist z. B. Dykem).[1] Bearbeiten Sie dann die Spiegelseite, bis die Farbe vollkommen abgetragen ist.Manchmal wird es Ihnen auch bei aller Mühe nicht gelingen, die Riefen bis an die äußerste Spitze

1 *In Deutschland sind allerdings durchaus Permanentmarker für diesen Zweck erhältlich, z.B. von Tormek.*

des Werkzeugs zu bringen. Es kann sein, dass jemand eine kleine Fase an der Spiegelseite angeschliffen hat.

In diesem Fall müssen Sie vielleicht die Fase des Eisens nachschleifen, bis die Fase auf der Rückseite abgetragen ist.

Wenn sich die feinen Riefen bis zur Schneide erstrecken, haben Sie ein gutes Zwischenergebnis erreicht. Der nächste Schritt unterscheidet sich je nach Werkzeug, das Sie bearbeiten. Falls es ein Hobeleisen oder eine andere Klinge ist, die im Körper eines Werkzeugs gehalten wird (etwa in einem Ziehklingenhobel oder Schabhobel), können Sie die Bearbeitung der Spiegelseite beenden und die Fase schärfen und abziehen (siehe Kapitel Sieben).

Bei einem Beitel erfordert die Spiegelseite jedoch noch mehr Arbeit.

Die Spiegelseite eines Beitels abziehen

Im Gegensatz zu einem Hobeleisen sollte man bei einem Beitel die Spiegelseite abrichten und abziehen. Das ist notwendig, weil man die Spiegelseite des Werkzeugs oft als Führung am Holz anlegt.

Ziehen Sie die Spiegelseite mit den gleichen Bewegungen ab, die sie auch auf dem Schärfstein benutzt haben. Verwenden Sie aber diesmal Ihre Abziehsteine. Falls Sie mehrere Steine zum Abziehen verwenden, beginnen Sie mit dem gröbsten und arbeiten Sie sich bis zum feinsten hoch.

Als ich gelernt habe, wie man seine Stechbeitel aufbereitet, bestand mein Lehrer darauf, dass wir die gesamte Spiegelseite auf Hochglanz abzogen und polierten. Das war ein Lernvorgang, der einen ganzen Tag in Anspruch nahm. Aber ich glaube, dass diese Anforderung nicht realistisch, ja nicht einmal notwendig ist. Ziehen Sie die Spiegelseite stattdessen so lange ab, bis Ihnen die Arbeit zum Hals raushängt. Schärfen und ziehen Sie dann die Fase ab, und machen Sie sich wieder an die Arbeit mit Holz.

Ihr Beitel wird anfangs noch nicht perfekt sein, aber er wird seine Arbeit doch gut erledigen. Vermutlich wird die Schneide des Werkzeugs nur öfter nachgeschärft werden müssen. Jedes Mal, wenn Sie das Werkzeug schärfen, wird die Spiegelseite auch etwas abgezogen, und die Schneide wird etwas an Standzeit gewinnen. Irgendwann ist die Spiegelseite dann vollkommen auf Hochglanz gebracht, und der Stechbeitel ist zu einem geliebten Begleiter geworden, dessen Schneide unendlich lange scharf bleibt.

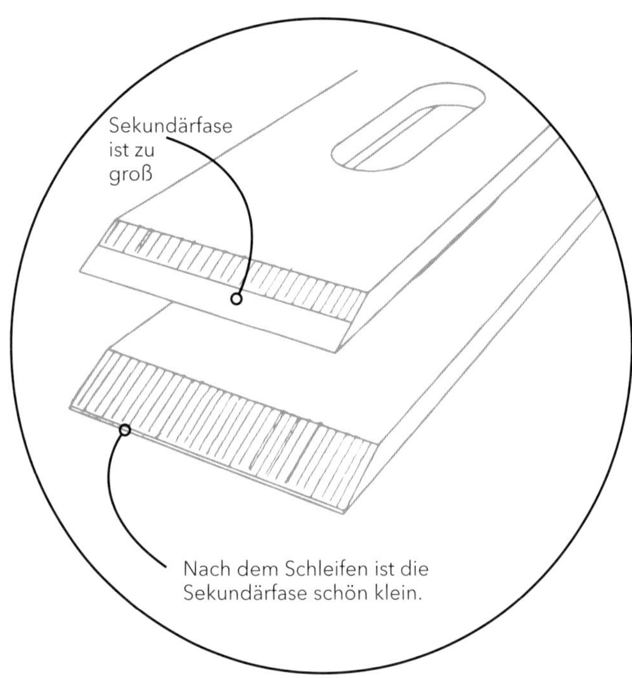

Abb. 21: Vor dem Schleifen war die Sekundärfase viel zu groß geworden. Durch das Schleifen wird die Sekundärfase verkleinert, sodass das Schärfen später einfacher wird.

6 Wann und wie man schleifen sollte

Die meisten Anfänger auf dem Gebiet der Holzbearbeitung haben eine unerklärliche Angst vor dem Schleifen. Sie glauben, es sei gefährlich und schwierig und dass sie wahrscheinlich während des Schleifens ihre Werkzeuge ruinieren werden.

Nachdem ich jemanden das Schleifen beigebracht habe, höre ich meist die Frage: „Augenblick. Mehr ist da nicht dran?"

Werkzeuge mit einem sich drehenden Schleifstein zu schleifen ist ein wesentlicher Bestandteil der guten Werkzeugpflege. Das Schleifen bewirkt viele wunderbare Dinge, die den Einsatz von Werkzeugen erleichtern. Ein paar Minuten an der Schleifmaschine können:

1. Eine riesige Sekundärfase wieder verkleinern, sodass Sie in einem Bruchteil der Zeit durch Schärfen und Abziehen wieder eine schärfere Schneide erhalten.
2. Schnell Schäden beseitigen, die durch das Zusammentreffen der Schneide mit einem Nagel, einer Aststelle oder einem Betonboden entstanden sind.
3. Den Fasenwinkel verändern, damit das Werkzeug richtig funktioniert.
4. Eine gerade Schneide ballig umschleifen, sodass sich wunderbare Dinge mit ihrem Hobel tun.
5. Ein unerklärbares Problem lösen. Falls Sie nicht ermitteln können, warum ein Werkzeug nicht richtig arbeitet, lässt sich das Problem meist durch Schleifen lösen.

Lügen ade!

Bevor man schleifen kann, muss man sich eine Schleifmaschine anschaffen. Glücklicherweise benötigt man für das Holzwerken nichts Exotisches oder Teures. Wie bei jedem anderen Aspekt des Schärfens haben Werkzeughändler, Hersteller und Wiederverkäufer eine Menge überflüssigen Kram erfunden.

Um es einmal deutlich zu sagen: Sie brauchen keine besondere Vorrichtung zum Schleifen, nicht einmal eine Werkzeugauflage als Zubehör. Ich habe das L-förmige Metallstück, das zum Lieferumfang meiner Schleifmaschine gehörte, seit über 20 Jahren benutzt und nie das Gefühl gehabt, etwas anderes zu brauchen.

Sie brauchen auch weder eine wassergekühlte Schleifmaschine[1], noch eine langsam laufende (1750 UpM) Schleifmaschine für das trockene Schleifen[2]. Beide Maschinen sind teurer als eine einfache schnelle (3450 UpM) Schleifmaschine für das trockene Schleifen oder ein handbetriebener[3] Schleifstein. Das Marketing-Argument, mit dem die langsam laufenden und die wassergekühlten Schleifmaschinen an den Mann gebracht werden, ist die Angst, eine schnelle Schleifmaschine könnte das Werkzeug überhitzen und ruinieren.[4]

Das ist Quatsch. Ein Tasse Wasser neben Ihrer billigen, schnell laufenden Schleifmaschine sorgt dafür, dass Ihre Werkzeuge beim Schleifen kühl bleiben. Damit kommen wir auch gleich zum nächsten Gerücht, das in die Tonne gehört: Doch, man kann ein heißes Werkzeug in Wasser abkühlen, ohne es zu beschädigen. Man hört immer wieder von bestimmten Leuten, dass man seine Werkzeuge niemals in Wasser ‚abschrecken' dürfe. Das ist Unsinn, der auf einem Missverständnis über die beim Schleifen auftretenden Temperaturen und der Unkenntnis der technischen Definition des Begriffs ‚abschrecken' beruht, der in seiner präzisen Bedeutung bei der Erörterung von Strukturveränderung in Stahl verwendet wird. Aber ich schweife ab. Wenn Ihr Werkzeug zu heiß zum Anfassen geworden ist, tauchen Sie es in eine Tasse Wasser, um es abzukühlen. Dann machen Sie an der Schleifmaschine weiter[5].

Noch ein Tipp: Die Schleifscheiben Ihrer Maschine müssen keinen Durchmesser von 200 mm oder 250 mm haben. Eine preiswerte 150-mm-Schleifmaschine (schnell laufend oder mit Handantrieb) reicht für Holzhandwerkzeuge vollkommen aus. Man wird Ihnen einreden wollen, die Schneiden an Ihren Werkzeugen seien schwächer, wenn Sie eine Schleifscheibe mit 150 mm Durchmesser verwenden Das stimmt in Hinsicht auf die Praxis nicht.

Da ich Ihnen inzwischen eine ganze Menge Geld erspart habe, kommt jetzt der Punkt, wo Sie etwas davon wieder ausgeben können. Kaufen Sie eine hochwertige 60er oder 80er

---

1 Ja, es gibt auch gute Gründe, eine wassergekühlte Schleifmaschine zu kaufen, vor allem wenn man eine Vielzahl unterschiedlicher Werkzeuge mit ungewöhnlichen Klingenformen verwendet. Falls Sie aber meist Stechbeitel und Hobeleisen schleifen, ist eine preiswerte Schleifmaschine mit 3450 UpM und einer 150-mm-Schleifscheibe das Werkzeug der Wahl.

2 Bis jetzt habe ich bei der Holzbearbeitung noch keine Verwendung für eine langsam laufende Schleifmaschine gefunden (außer dem Werkzeughändler mehr Geld zukommen zu lassen). Ich bin sicher, dass es gute Gründe für die Existenz dieser Maschinen gibt und ich einfach nur ein Idiot bin.

3 Handbetriebene Schleifmaschinen sind im Wesentlichen eine Lifestyle-Frage. Im Ernst: Es gibt so viele schnell laufende elektrische Schleifmaschinen mit 150-mm-Schleifscheiben, dass man für ein gebrauchtes Exemplar nicht mehr bezahlen muss als für eine handbetriebene Maschine. Aber ich liebe meine handbetriebene Maschine dennoch, weil es so viel Spaß macht, sie zu benutzen.

4 Es gibt auch Schleifmaschinen, die Schleifpapier verwenden (in der Form von Schleifbändern oder -scheiben). Einerseits mag ich sie, weil sie so schnell arbeiten wie eine schnell laufende Schleifmaschine. Andererseits sind sie in der Anschaffung und im Unterhalt teuer.

5 Die Temperatur des Stahls sollte am besten unterhalb des Siedepunkts von Wasser liegen (100° C). Falls das Wasser zischt und Blasen wirft, wenn Sie das Werkzeug hineintauchen, sollten Sie öfter abkühlen.

Abb. 22: Nach 20 Jahren funktioniert mein Diamantabrichter immer noch wie neu.

Schleifscheibe, die weich, schwächer gebunden und für Kohlenstoffstahl geeignet ist. Die Scheiben mit schwächerer Bindung sind etwas teurer als Standardvarianten.

Kaufen Sie sich außerdem einen Diamantabrichter für die Schleifscheiben (falls Sie nicht Diamant- oder CBN-Schleifscheiben verwenden. Bei diesen erübrigt sich das Abrichten.) Diese Abrichter für Schleifscheiben sind preiswert (zwischen 10 und 20 Euro) und halten ein Leben lang. Außerdem sind sie für gute Arbeit zwingend erforderlich, wie Sie gleich sehen werden.

Die Schleifscheibe abrichten

Falls Sie nicht eine Diamant- oder CBN-Schleifscheibe verwenden, müssen Sie die Schleifscheibe regelmäßig abrichten, damit die Oberfläche offen bleibt und die richtige Form behält. Ich schleife durchschnittlich etwa zwei bis drei Werkzeuge, bevor ich die Schleifscheibe wieder abrichte.

Die Schmalfläche der Schleifscheibe muss leicht konvex sein. Diese Wölbung ermöglicht eine sehr viel leichtere Kontrolle des Schleifvorgangs als eine grade Fläche. Die grade Fase eines Werkzeugs an der graden Fläche einer Schleifscheibe zu schleifen, erfordert ein gutes Auge und eine ruhige Hand. Eine Schneide jeder Form lässt sich an einer konvexen Schleifscheibe mit sehr viel weniger Erfahrung schleifen. (Abb. 24)

Die Wölbung ist nur gering, maximal 1 bis 1,5 mm Höhe genügen. Sie wird mit einem Diamantabrichter angearbeitet. Schalten Sie die Schleifmaschine ein. Halten Sie den Abrichter vorsichtig an die Schleifscheibe, und erhöhen Sie dann den

Abb. 23: Der Diamantabrichter muss vorsichtig eingesetzt werden, um eine glatte Oberfläche zu hinterlassen.

Abb. 24: Mit einer leicht konvexen Schleifscheibe hat man sehr große Kontrolle über die Form der Werkzeugschneide.

Druck an den Kanten der Schleifscheibe geringfügig, um die Wölbung herzustellen. Das sollte nicht länger als maximal fünf Sekunden dauern. Die Werkzeugauflage der Schleifmaschine ist für den Vorgang nicht erforderlich.

Die Werkzeugauflage einstellen

In 95 Prozent aller Fälle ist diese Einstellung einfach vorzunehmen. Verwenden Sie einfach den vorgegebenen Fasenwinkel des Werkzeugs, um die Werkzeugauflage einzustellen. Die Schleifscheibe sollte die Fase in der Mitte berühren - nicht an der Schneide und auch nicht am Übergang zum ebenen Teil der Klinge. (Abb. 25)

Falls Sie den Fasenwinkel eines Werkstücks umschleifen möchten, müssen Sie die Neigung der Werkzeugauflage verändern. Um sie auf den richtigen Winkel einzustellen, können

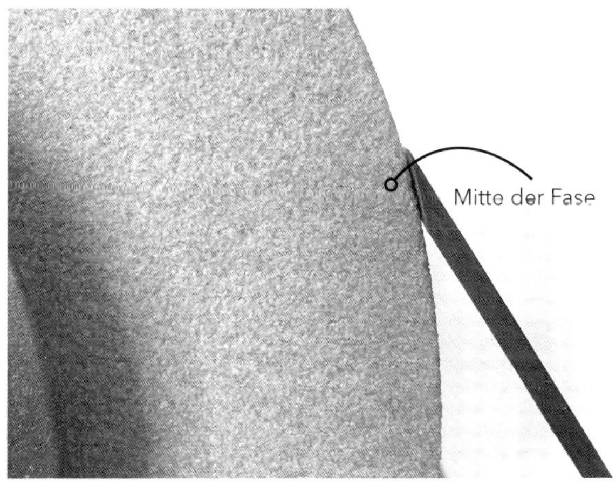

Abb. 25: Um präzise zu schleifen, sollten Sie die Mitte der Fase an der Schleifscheibe anlegen, wenn Sie die Werkzeugauflage einstellen.

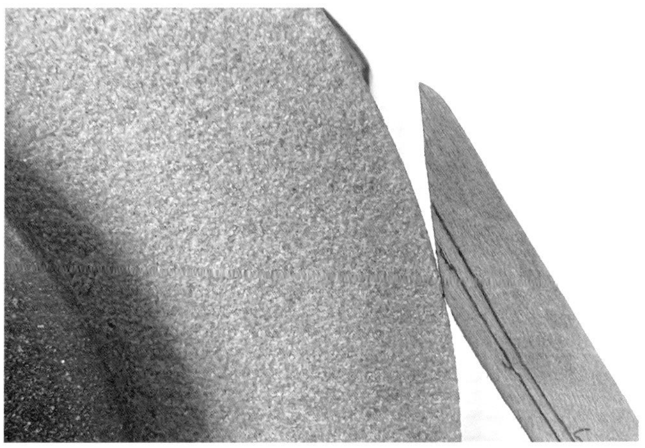

Abb. 26: Mit Eiskremstäbchen kann man die Werkzeugauflage einstellen, falls man kein Werkzeug mit dem gewünschten Fasenwinkel zur Hand hat.

Sie die Holzstäbchen von Eis am Stiel verwenden, die Sie auf den gewünschten Winkel zugeschnitten haben (zum Beispiel 25° oder 30°). Denken Sie daran, dass diese Holzstäbchen breiter sind als die Stärke des Werkzeugs. Sie müssen diesen Unterschied berücksichtigen (vielleicht am einfachsten am Holzstäbchen kennzeichnen), damit Sie in der Mitte der Werkzeugfase schleifen. (Abb. 26)

Ich mache mir das Leben etwas einfacher, indem ich alle meine Werkzeuge auf 25° zuschleife. Das ist der Allzweckwinkel, auf den früher alle Holzbearbeitungswerkzeuge zugeschliffen wurden. Manche Hersteller schleifen die Werkzeuge auf 30° zu, um dem Käufer nahezulegen, eine Sekundärfase mit 35° an der Schneide zu verwenden. Wie Sie im folgenden Kapitel sehen werden, schärfe und ziehe ich alle meine Werkzeuge mit einer Sekundärfase von 35° ab. Diese Kombination aus einer auf 25° angeschliffenen Primärfase und einer Sekundärfase von 35° eignet sich für fast jedes Holzbearbeitungswerkzeug, das je hergestellt worden ist. Und es vereinfacht das Schärfen.

Instandhaltung: eine Sekundärfase verkleinern

Die häufigste Arbeit an der Schleifmaschine ist das Nachschleifen der Primärfase, um eine Sekundärfase zu verkleinern, die so groß geworden ist, dass das Schärfen und Abziehen zu einer langwierigen und mühseligen Aufgabe geworden sind.

Stellen Sie die Werkzeugauflage wie oben beschrieben ein.

Schalten Sie die Schleifmaschine ein, oder fangen Sie an zu kurbeln. Tragen Sie bitte zusätzlich zum Schutzschild an der Maschine auch eine Schutzbrille. Führen Sie die Klinge vor-

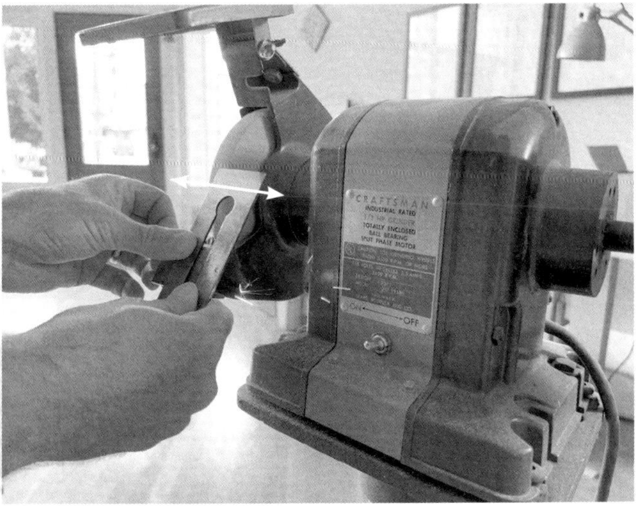

Abb. 27: Wenn das Eisen die Schleifscheibe berührt, schiebt man es nach rechts und links, sodass die gesamte Schneide geschliffen wird.

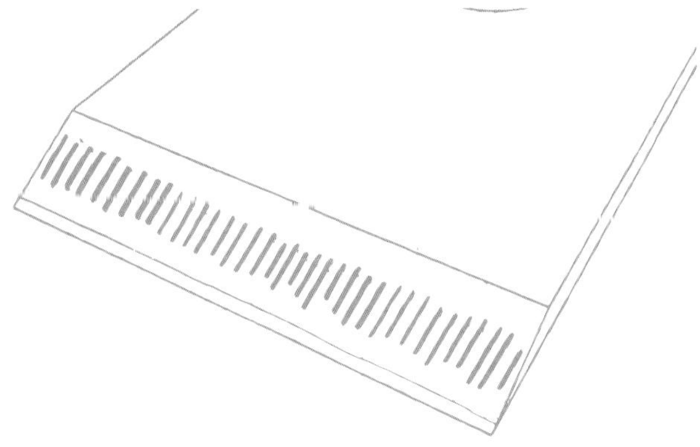

Abb. 28: Wenn Sie die Werkzeugauflage richtig eingestellt haben, sollten sich die Schleifriefen in der Mitte der Fase befinden.

sichtig an die Schleifscheibe heran. Die Funken sollten nur von der Mitte des Schleifsteins nach unten fliegen. Das ist die Wirkung der gewölbt abgerichteten Schleifscheibe. Führen Sie die Klinge nach links und dann nach links, sobald sie die Schleifscheibe berührt, sodass die Fase auf der gesamten Länge bearbeitet wird.

Nehmen Sie die Klinge von der Schleifscheibe ab, und sehen Sie sich an, wo sich die Schleifspuren befinden. Falls Sie die Werkzeugauflage richtig eingestellt haben, sollten sich die Riefen in der Mitte der Fase befinden. Korrigieren Sie die Neigung der Werkzeugauflage, falls sie an der Spitze oder am unteren Ende liegen.

Legen Sie die Klinge wieder am Schleifstein an und schleifen Sie die Fase weiter - vielleicht zwei oder drei Mal über die gesamte Länge der Fase.

Nehmen Sie die Klinge wieder ab, und fassen Sie die Fase mit den Fingern an. Falls Ihre Finger instinktiv zurückschrecken, muss die Klinge gekühlt werden. Halten Sie die vordere Hälfte der Klinge 5-10 Sekunden in eine Tasse mit Wasser. Falls die Klinge sich nur warm anfühlt, können Sie noch zwei oder drei Mal auf der gesamten Fasenlänge schleifen und dann die Temperatur nochmals kontrollieren.

Wie schnell sich die Klinge erhitzt, hängt davon ab, wie groß der Druck ist, den Sie mit der Klinge gegen die Schleifscheibe ausüben, und wie stark oder schwach die Bindung der Schleifscheibe ist. Eine Schleifscheibe mit schwacher Bindung zerbröckelt, wenn man sie benutzt, und leitet so die Wärme des Schleifens ab.

Fahren Sie mit diesem Arbeitszyklus fort - zwei Durchgänge der Fase über die Breite des Schleifsteins, dann auf Erhitzung kontrollieren -, bis die Sekundärfase sehr klein geworden ist, vielleicht nur 0,5 mm breit. Hören Sie dann mit dem Schleifen auf. Es ist nicht nötig, die Sekundärfase vollkommen zu entfernen, falls sie unbeschädigt ist. Es ist sogar so, dass Sie vermeiden sollten, die Sekundärfase vollkommen zu beseitigen. Wenn Sie nämlich die Sekundärfase ganz abschleifen, wird die Schneide des Werkzeugs sofort sehr anfällig für Wärmewirkung und kann sich binnen eines Augenblicks überhitzen.

Wenn eine Klinge überhitzt wird, nimmt sie eine schwarzblaue Färbung an. Das ist nicht das Ende der Welt. Legen Sie die Klinge beiseite, damit sie sich abkühlt und später repariert werden kann. Wie diese Reparatur vorgenommen wird, schildert der Abschnitt: Schäden reparieren: Große Ausbrüche.

Schäden reparieren: Kleine Ausbrüche

Die Schneide eines Werkzeugs kann bei der normalen Arbeit leicht beschädigt werden. Wenn Sie auf eine Aststelle oder sogar nur auf einen kleinen Fremdkörper in den Holzfasern treffen, bekommt die Schneide sofort einen Ausbruch. Das Werkzeug arbeitet langsamer und hinterlässt hässliche Spuren. Hören Sie sofort mit der Arbeit auf, es wird nur schlimmer werden. (Abb. 29)

Schleifen Sie die kleinen Ausbrüche an der Schleifmaschine aus. Stellen Sie die Werkzeugauflage wie oben beschrieben ein. Bearbeiten Sie die Fase, bis Sie zu der beschädigten Stelle kommen. Gehen Sie dann zu einer anderen Arbeitstaktik über. Führen Sie die Fase nicht zwei oder drei Mal über die Schleifscheibe, sondern nur noch einmal. Kühlen Sie die Schneide dann ab. Führen Sie sie wieder über die Schleifscheibe. Kühlen Sie wieder ab. Wiederholen Sie das Vorgehen, bis der Schaden ausgeschliffen ist und Sie eine saubere Fase angeschliffen haben.

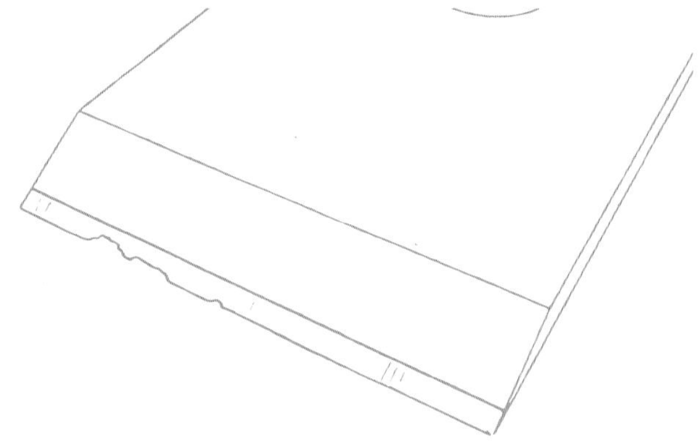

Abb. 29: Ausbrüche können entstehen, wenn man auf eine Aststelle trifft, oder sogar schon, wenn man einen Beitel zu kräftig mit dem Klüpfel treibt.

Da Sie jetzt eine Schnittlinie mit dem Radius Null an der Klinge angeschliffen haben, ist an der Spiegelseite ein großer Grat entstanden. Bevor Sie die Klinge schärfen und abziehen, müssen Sie zuerst den Grat entfernen, indem Sie die Spiegelseite auf Ihrem feinsten Abziehstein abziehen.

Schäden reparieren: Große Ausbrüche.

Wenn der Schaden größer ist, also zum Beispiel ein größerer Ausbruch an einer Schneide oder eine schwarz-blau Verfärbung aufgrund einer Überhitzung der Schneide, ist eine andere Strategie anzuwenden. Drehen Sie die Klinge um, sodass Sie auf die Spiegelseite blicken. Verwenden Sie einen kleinen Anschlagwinkel und einen feinen Permanentmarker, um hinter dem Schaden eine gerade Linie über die Spiegelseite zu ziehen. (Abb. 30)

Schalten Sie die Schleifmaschine ein. Halten Sie die Klinge im rechten Winkel an die Schleifscheibe, und stumpfen Sie die Schneide der Klinge mit sanftem Druck gegen die Schleifscheibe ab. Sie müssen dafür nicht die Werkzeugauflage verwenden. Diese Arbeit geht schnell vonstatten. Bearbeiten Sie die Schneide, bis Sie zur angezeichneten Linie gelangen. Falls der Schaden sehr groß ist, kontrollieren Sie die Klinge jeweils nach zwei oder drei Durchgängen über die Schleifscheibe, um festzustellen, ob sie abgekühlt werden muss. (Abb. 31)

Wenn Sie sich bis zur Linie vorgearbeitet haben, wird die Klinge ein abgestumpftes Ende vorweisen. Dann können Sie die Fase wie bereits beschrieben bearbeiten (Abb. 27). Stellen Sie die Werkzeugauflage ein, und beginnen Sie mit dem

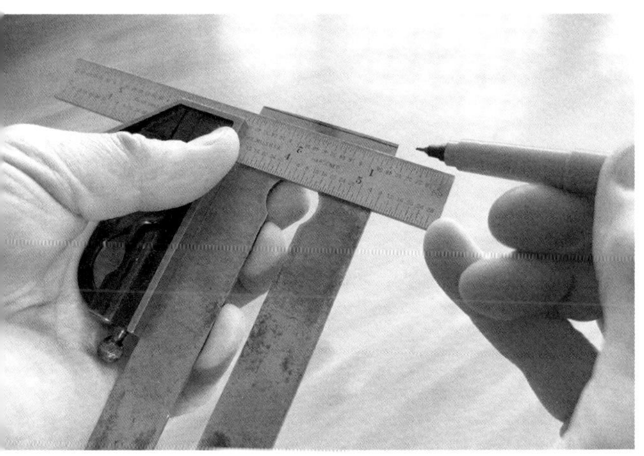

Abb. 30: Eine mit dem Marker gezogene Linie zeigt, wie weit man schleifen muss und stellt sicher, dass die Schneide rechtwinklig zu den Kanten des Eisens verläuft.

Abb. 31: Indem man die Spitze des Eisens entfernt, verhindert man, dass es sich überhitzt. Und man hat zugleich eine Zielmarke.

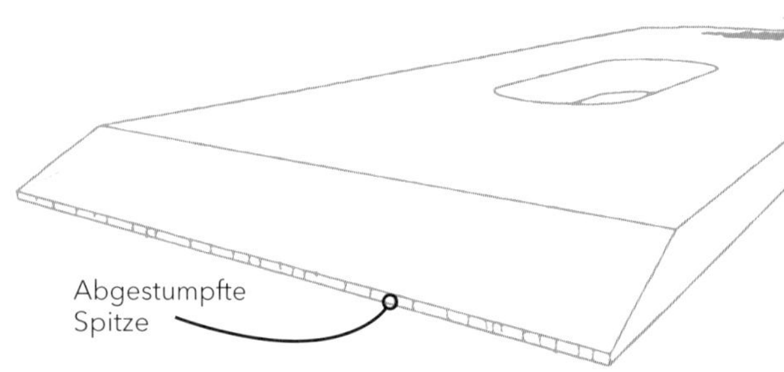

Abb. 32: Wenn die Schäden abgeschliffen sind und die Spitze stumpf geschliffen ist, kann man die Fase auf die neue Form zuschleifen, ohne sich Sorgen machen zu müssen, dass der Stahl sich überhitzen könnte.

Schleifen. Fahren Sie fort, bis Sie eine winzige flache Kante an der Schneide erhalten haben. Versuchen Sie auch jetzt, keine Schnittlinie mit dem Radius Null anzuschleifen, wenn Sie es vermeiden können. Versuchen Sie, die flache Kante wirklich klein zu halten – vielleicht 0,5 mm breit.

Nehmen Sie dann die flache Kante durch Schärfen und Abziehen auf Ihren Schleifsteinen ab.

Den Fasenwinkel verändern

Stellen Sie die Werkzeugauflage auf den gewünschten Winkel ein. Falls Sie den Fasenwinkel verringern wollen, beginnen Sie einfach, indem Sie die Fase schleifen. Die Arbeit findet zum größten Teil am oberen Ende der Fase statt. Wenn Sie das untere Ende der Fase an der Schneide erreichen, hören Sie auf, kurz bevor Sie eine Schnittlinie mit dem Radius Null angeschliffen haben. Bearbeiten Sie die Schneide an Ihren Schärf- und Abziehsteinen zu Ende.

Wenn Sie den Fasenwinkel mit der Schleifmaschine vergrößern möchten, verwenden Sie eine etwas andere Strategie. Die Arbeit beginnt an der Schneide. Also stumpfen Sie zuerst die Schneide ab, so wie Sie es auch bei der Reparatur einer beschädigten Klinge täten. Die rechtwinklig zur Klinge stehende stumpfe Kante sollte klein sein – weniger als 0,5 mm breit. Schleifen Sie dann die Fase auf den neuen Winkel zu. Achten Sie auf die abgestumpfte Kante, und stellen Sie sicher, dass sie nicht abgeschliffen wird. Falls es aussieht, als ob sie abgeschliffen werden würde, können Sie die stumpfe Kante etwas vergrößern.

Wenn die neue Fase fertig ist, entfernen Sie die stumpfe Kante mit Ihren Schärf- und Abziehsteinen.

Die Form der Schneide verändern

Eines der kleinen Wunder, die man mit der Schleifmaschine bewirken kann, ist die Änderung der Schneidenform von eine Geraden zu einer konvexen Krümmung. Typischerweise werden die Eisen von Schrupphobeln und (manchmal) Raubänken auf diese Weise ballig geschliffen. Bei einer Raubank beträgt der Radius der Kurve zwischen 200 mm und 250 mm. Bei einem Schrupphobel ist er geringer (75 mm oder 100 mm).

Stellen Sie sich eine Schablone aus Restholz oder starkem Karton her. Reißen Sie mit einem Zirkel den gewünschten Radius auf dem Schablonenrohling an. Schneiden Sie dann den Bogen an der Schablone aus. Verwenden Sie die Schablone, um den Bogen mit einem Permanentmarker auf der Spiegel-

Abb. 33: Eine Holzschablone ist hilfreich, wenn es nach Dutzenden Schleifgängen notwendig wird, die ballige Form der Schneide wieder herzustellen.

Abb. 34: Die neue Form der Schneide wird hergestellt, indem man zuerst die Spitze des Eisens abstumpft. Dann wird die Fase entsprechend der neuen Form angeschliffen.

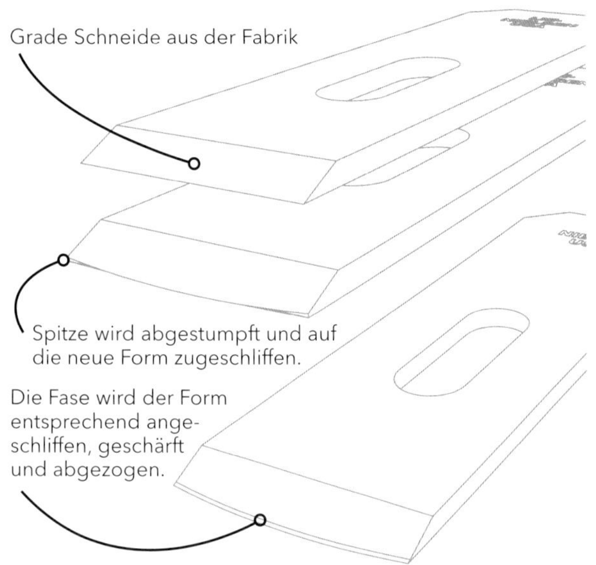

Abb. 35: Die Stadien beim Umschleifen eines Hobeleisens.

seite des Hobeleisens anzuzeichnen. Bewahren Sie die Schablone für spätere Verwendung auf – Sie werden sie immer wieder benötigen. (Abb. 33)

Schleifen Sie jetzt die Schneide des Eisens stumpf bis zur angezeichneten Line ab. Halten Sie dazu das Eisen im rechten Winkel an die Schleifscheibe. Sie müssen für diesen Vorgang nicht die Werkzeugauflage verwenden. Falls die Arbeit aufwendig ist, kontrollieren Sie das Eisen regelmäßig auf Überhitzung.

Wenn Sie den Bogen angeschliffen haben, stellen Sie die Werkzeugauflage auf den gewünschten Winkel ein und schleifen die Fase (siehe Abb. 27).

Eine ballige Schneide anzuschleifen ähnelt der Bewegung eines Scheibenwischers bei Regen. Führen Sie das Eisen hin und her, sodass möglichst immer die Mitte der Schneide an der Mitte der Schleifscheibe geschliffen wird.

Kontrollieren Sie das Eisen nach jeweils zwei oder drei Durchgängen auf Überhitzung. Kühlen Sie es in einer Tasse mit Wasser ab, falls es zu warm wird, um es anzufassen.

Wenn die stumpfe Kante an der Schneide winzig geworden ist - 0,2 mm bis 0,1 mm -, hören Sie mit dem Schleifen auf und nehmen den Rest der Kante mit den Schärf- und Abziehsteinen ab. (Abb. 34 und 35)

Abb. 36: Das Schärfen (links) hinterlässt einen spürbaren Grat. Für das Abziehen braucht man ein scharfes Auge (oder einfach einen Punkt, an dem man beschließt, wieder zur Arbeit zurückzukehren).

7 Schärfen und Abziehen

Als Holzhandwerker wird Ihre Schärfarbeit vor allem im Schärfen (der Herstellung einer neuen Schneide) und dem Abziehen (dem Glätten und Haltbarmachen dieser Schneide) bestehen. Sie müssen diese Arbeiten zwar häufig ausführen, aber sie sind nicht sehr zeitaufwendig. Wenn Sie sich den Arbeitsplatz dafür erst einmal eingerichtet haben, dauert das Schärfen und Abziehen eines Werkzeugs nicht so lange wie ein Popsong im Radio.

Eine schnelle Zusammenfassung: Beim Schärfen wird mit einem groben Schleifmittel (12 bis 35 Mikrometer Durchmesser) die alte Schneide beseitigt und eine neue Schnittlinie mit dem Radius Null angearbeitet. Dieser Vorgang dauert nur Sekunden[1], wenn Sie richtig vorgehen.

Beim Abziehen verwendet man zunehmend feinere Schleifmittel (10 Mikrometer bis hinab zu 0,5 Mikrometer Durchmesser), um winzige Riefen zu entfernen, die im Stahl zurückgeblieben sind, und so die Schnittlinie mit dem Radius Null zu verfeinern, bis sie glatt und haltbar ist. Das Abziehen kann länger dauern, je nachdem wie fein das Schleifmittel ist, das Sie benutzen möchten.

Die meisten Holzwerker, die ich kenne, haben einen Schärfstein (man benötigt nur einen) und zwei Abziehsteine. Eine typische Ausstattung könnte aus einem 1000er Wasser-

1 *Die meisten Leute schärfen zu viel. Deneb Puchalski und ich haben einmal ein Experiment durchgeführt, um zu ermitteln, wie oft wir eine Klinge über einen 1000er Wasserstein führen müssten, um eine neue Schneide anzuschärfen. Das Experiment endet schnell, weil man das Ergebnis mit einem Zug über den Wasserstein erzielen kann, wenn der Stein schnell abträgt und die Sekundärfase nur winzig ist.*

stein für das Schärfen sowie einem 5000er und einem 8000er Wasserstein für das Abziehen bestehen. Oder aus einem Washita-Ölstein zum Schärfen sowie einem harten schwarzen Arkansas-Stein und einem Streichriemen für das Abziehen. Sie können die Tabelle in Kapitel Drei verwenden, um Ihr eigenes System zusammenzustellen.

Was für eine Schärfführung spricht

Eine einfache Schärfführung mit seitlichen Spannbacken ist ein Gottesgeschenk, wenn es um schnelles Schärfen mit reproduzierbaren Ergebnissen bei Stechbeiteln und Hobeleisen geht. Ich schärfe zwar die verschiedensten Werkzeuge mit ungewöhnlichen Klingen freihändig, aber wenn es um Hobeleisen und gerade Stechbeitel geht, lasse ich die Arbeit gerne von einer Schärfführung erledigen.

Führungen mit seitlichen Einspannbacken kosten so gut wie nichts - preiswerte Ausführungen sind für weniger als 20 Euro zu haben[2]. Und bis jetzt habe ich noch keine stichhaltigen Gründe gefunden, die gegen ihre Verwendung sprächen.

Die Kritiker solcher Führungen machen sich mit Begriffen wie ‚Stützräder' oder ‚Krücken' über sie lustig, die das Schärfen nur verlangsamten. Ich habe solche Leute immer wieder zu Schärfwettbewerben herausgefordert, bei denen es um

---

2 Ich ziehe aus vielen Gründen gebrauchte Schleifführungen mit seitlichen Backen vor. Diese alten Exemplare, die in Großbritannien vom Hersteller Eclipse gefertigt wurden, sind oft preiswerter und qualitativ besser als die neueren in der 20-Euro-Preisklasse. Die Eclipse 36 ist eine gute Wahl, falls Sie das Modell in Deutschland bekommen können.

Anmerkung des dt. Verlages: Nach unserem Kenntnisstand werden die Schärfführungen von Eclipse nicht mehr produziert, sind also nur noch gebraucht erhältlich. Es gibt aber preiswerte Nachbauten. Das „Eclipse-Modell" entspricht dem unteren in Abb. 37.

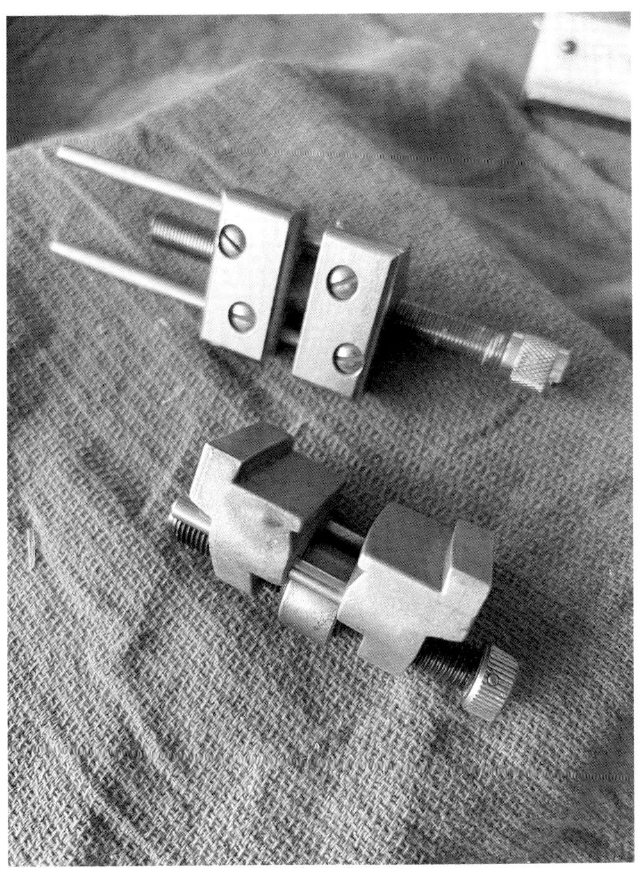

Abb. 37: Schärfführungen - die im englischen Sprachbereich auch unter dem Markennamen „Eclipse" bekannt sind - können preiswert sein und machen das Schärfen zu einer schnellen und präzisen Arbeit.

Abb. 38: Der Kunststoffanschlag legt die Stellung der Klinge in der Führung fest.

Geschwindigkeit und Güte der Schneide ging – der Sieger wurde von einem Schiedsrichter ermittelt, der nicht wusste, welches Werkzeug von wem stammte. Ich habe keinen dieser Wettbewerbe je verloren – nicht weil ich so ein großartiger Schärfer bin, sondern weil die Schärfführung eine enorme Hilfe ist.

Ich liebe meine Schärfführung also. Diese Liebe hat aber auch ihre Grenzen. Ich verwende keine der unzähligen Ergänzungen, mit denen eine Schärfführung ausgestattet werden kann, um Werkzeuge mit unregelmäßig geformten Schneiden, schrägen Schneiden, sehr kurzen Klingen oder besonders dicken Klingen zu schärfen. Bei solchen Werkzeugen machen mich die Schärfführung und ihre Ergänzungen langsamer. Deshalb belasse ich es bei dem Grundmodell, das bei Stechbeiteln und Hobeleisen gut funktioniert. (Abb. 38)

Wenn Sie sich also an ein solches Grundmodell halten, sind Sie nur fünf Minuten davon entfernt, ein schneller Schärfer zu werden. Sie benötigen nicht mehr als einen Holzklotz, der dafür sorgt, dass die Klinge im richtigen Winkel in der Schärfführung eingespannt wird, sodass der Stahl an der Schneidenspitze perfekt am Schärfmittel aufliegt. Womit wir zur Diskussion der Schnittwinkel kommen.

Schnittwinkel – was für wenige Winkel (oder gar nur einen) spricht

Die meisten Schärfexperten werden Sie dazu bringen wollen, eine Vielzahl von unterschiedlichen Schnittwinkeln für die verschiedenen Arbeiten in einer Holzwerkstatt zu verwenden. Kleinere Winkel für Werkzeuge, die schälend schneiden. Größere Winkel für Werkzeuge, die hackend schneiden. Und bald gravieren Sie dann die Schnittwinkel auf die Klingen all Ihrer Werkzeuge und verbringen mehr Zeit mit dem Schärfen als mit der Arbeit mit Holz[3].

Meiner Erfahrung nach ist die Schärfe einer Schneide wichtiger als der Schnittwinkel (innerhalb gewisser Grenzen). Ein Stechbeitel mit 25° und einer mit 35° leisten beide gleichermaßen gute Dienste, wenn sie wirklich scharf sind.

Als mir das klar geworden war, beschloss ich, alle meine Werkzeuge auf 35° zu schärfen und abzuziehen und dann zu schauen, ob ich damit glücklich werden würde. Das war vor etwa zehn Jahren, und ich bin immer noch ein Anhänger die-

3 *Möge der Himmel Ihnen beistehen, falls Sie den Fauxpas machen, eine neue 35°-Fase an eine 20°-Klinge anzuschleifen, und diesen Fehler rückgängig machen müssen.*

Abb. 39: Das Einstellen der Führung ist leicht. Man legt das Werkzeug ein, legt die Führung am Anschlagsklotz an, und drückt die Klinge gegen den Anschlag. Dann zieht arretiert man die Backen der Führung. Fertig.

ser einfachen Herangehensweise. Ich bin mir sicher, dass es Werkzeuge aus bestimmten Spezialgebieten gibt, die sich nicht für eine mit 35° geschärfte und abgezogene Schneide eignen, aber bis jetzt bin ich noch nicht auf Beispiele gestoßen.

Also habe ich einen Holzklotz mit einem Anschlag. Ich lege das Werkzeug in die Schärfführung, drücke die Führung und die Klinge gegen den Klotz mit dem Anschlag, und spanne dann die Führung fest. Dann kann ich mit dem Schärfen beginnen. (Die Herstellung eines Klotzes mit Anschlag ist einfach. Verwenden Sie ein Schul-Geodreieck, um die Klinge im richtigen Winkel in der Schärfführung einzuspannen. Schrauben Sie dann den Anschlag am Holzklotz fest, sodass er diesem Maß entspricht.) (Abb. 39)

Gerade Klingen schärfen

Stechbeitel sind Werkzeuge mit geraden Klingen, die andauernd geschärft werden müssen. Legen Sie das Werkzeug in die Schärfführung, benutzen Sie einen Holzklotz mit Anlage, um den richtigen Winkel einzustellen, und spannen Sie die Klinge in der Führung ein.

Geben Sie die entsprechende Schärfflüssigkeit auf Ihren Scharfstein. Beginnen Sie am oberen Ende des Steins (also dem Ende, das am weitesten von Ihnen entfernt ist). Üben Sie kräftigen, nach unten gerichteten Druck auf die Klinge aus, und ziehen Sie das Werkzeug zu sich heran[4]. Führen Sie dann das Werkzeug ohne Druck nach unten wieder bis zum oberen

4 *Achten Sie immer auf die schwarzen Flecken, die auf dem Stein auftauchen, während Sie arbeiten. Das ist der Stahl, den Sie von der Klinge abgenommen haben. Falls die Flecken gleichmäßig verteilt sind, ist das gut. Falls Sie nur auf einer Seite auftauchen, kommen Probleme auf Sie zu.*

Ende des Steins. Führen Sie diesen Vorgang noch (höchstens) zweimal aus. (Abb. 40)

Heben Sie das Werkzeug mit der Schärfführung vom Stein ab, und streichen Sie mit einer Fingerspitze sanft[5] über die Spiegelseite des Werkzeugs bis über die Schneide. Dabei sollten Sie einen kleinen Grat spüren, der sich an der Kante der Spiegelseite gebildet hat. Dieser Grat ist der Anzeiger dafür, dass Sie mit Ihrem Schärfstein eine Schnittlinie mit dem Radius Null angearbeitet haben. Wenn sich der Grat über die gesamte Länge der Schneide erstreckt, ist Ihre Arbeit am Schärfstein beendet. (Abb. 41)

(Eine Warnung: Manchmal sammelt sich Harz auf der Spiegelseite eines Hobeleisens an, wo der Spanbrecher auf der Spiegelseite aufliegt. Das fühlt sich oft wie ein Grat an. Kontrollieren Sie also die Spiegelseite des Hobeleisens auf diese Harzansammlung, bevor Sie mit dem Schärfen beginnen.)

Falls Sie keinen Grat spüren können, versuchen Sie es mit ein paar zusätzlichen Strichen über den Schärfstein. Falls immer noch kein Grat erscheint, schärfen Sie vermutlich nicht an der Schneidenspitze des Werkzeugs. Bemalen Sie die Fase mit einem Permanentmarker und führen Sie noch einige Striche auf dem Schärfstein aus. Dann können Sie erkennen, wo der Fehler liegt.

Vielleicht ist das Werkzeug beim Anziehen der Spannbacken in der Schärfführung verrutscht. Oder das Werkzeug ist nicht richtig oder unregelmäßig zugeschliffen. Falls dies der Fall ist, schleifen Sie die Fase neu an, um eine saubere Ausgangslage zu erhalten, und versuchen Sie es erneut mit dem Schärfen.

---

5 *Es ist fast wie ein Streicheln. Wenn Sie Druck ausüben, brechen Sie den Grat vielleicht nur ab, was nicht so gut ist.*

Abb. 40: In der Regel liegen meine Hände nur sanft auf der Führung auf. Druck üben sie vor allem auf die Klinge aus.

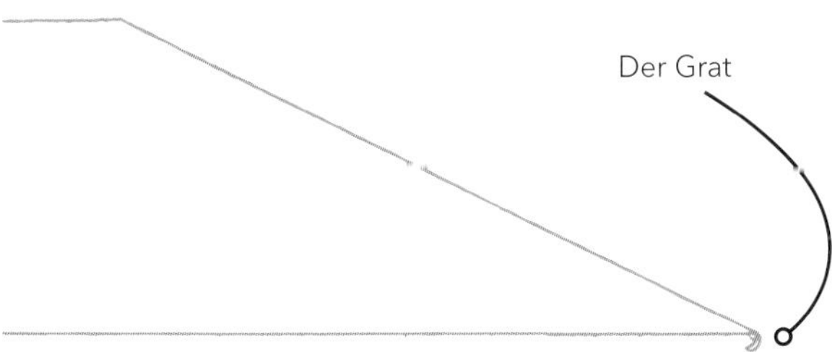

Abb. 41: Der Grat ist ein winziger, gekrümmter Metallspan, der sich bildet, wenn man eine neue Schnittlinie mit dem Radius Null anarbeitet. Durch das Schärfen wird seine Größe verringert. Aber nach dem Schärfen muss er durch das Abziehen vollkommen entfernt werden.

Abb. 42: Legen Sie die Fase flach auf dem Stein auf. Heben Sie den Werkzeuggriff 3 mm an (nicht mehr). Ziehen Sie das Werkzeug rückwärts zu sich heran.

Sobald Sie den Grat spüren, sind Sie mit dem Schärfen fertig. Machen Sie mit dem Abziehen weiter.

Was ist, wenn Sie ein Werkzeug haben, das nicht in die Schärfführung passt? In diesem Fall müssen Sie das Werkzeug im richtigen Winkel halten, um es zu schärfen, und das erfordert Übung. Ich habe jahrelang freihändig geschärft (so habe ich es gelernt). Es gibt viele Methoden, um es zu lernen. Ich gehe auf folgende Weise vor:

Drücken Sie die Fase mit zwei Fingern vollflächig auf den Schärfstein.

Heben Sie dann mit der anderen Hand den Griff (oder das hintere Ende) des Werkzeugs um 3 mm an. Nicht mehr. Ziehen Sie dann das Werkzeug zu sich zurück, und achten Sie auf die Metallspäne, die sich auf dem Stein bilden, um festzustellen, wo der Stein in den Stahl greift. (Abb. 42)

Der Trick besteht darin, das Werkzeug nur um 3 mm anzuheben. Die meisten Anfänger heben das Werkzeug zu sehr an und erhalten so eine Sekundärfase von 45° oder 50°. Prüfen Sie auf das Vorhandensein des Grats. Wenn Sie einen spüren können, machen Sie mit dem Abziehen weiter.

Das freihändige Schärfen ist nicht schwierig. Es ist nur langsam. Außerdem können Sie auch mal einen schlechten Tag haben und in einem zu kleinen oder zu großen Winkel schärfen.

Leicht ballige Klingen schärfen

Die Eisen meines Putzhobels, meiner Raubank und meines Hirnholzhobels haben alle leicht ballige Schneiden, damit sich die Ecken des Eisens nicht in das Holz graben und ‚Hobelspuren' hinterlassen. Als Hobelspur werden dabei die hässlichen Riefen bezeichnet, die von den Ecken des Eisens verursacht werden.

Um eine ballige Schneide zu schaffen, fängt man mit einem Eisen an, dass vorne gerade zugeschliffen worden ist. Die Krümmung bekommt die Schneide dann auf den Schärf- und Abziehsteinen.

Als erstes werden die Ecken des Eisens abgerundet. Ich mache das an den Schmalseiten meines Schärfsteins. (Abb. 43)

Warum an den Schmalseiten? Weil man dabei tiefe Furchen in den Stein schneidet. Die sind an den Schmalseiten leichter zu verkraften als auf der Fläche.

Die Ecken werden dabei mit einem kleinen Radius abgerundet - etwa 1,5 mm.

Abb. 43: Die Kanten eines Schleifsteins sind ideal, um die grobe Arbeit des Abrundens eines Hobeleisens auszuführen.

Dann wird das Eisen in der Schärfführung eingespannt. Um die Krümmung erstmals an einer geraden Schneide anzubringen, unterteilt man die Schneide geistig in fünf ‚Gebiete' ein. Eines der Gebiete liegt in der Mitte der Schneide. Zwei weitere jeweils an den Ecken. Und zwei zwischen diesen vorgegebenen Gebieten. (Abb. 44)

Legen Sie das Eisen auf den Schärfstein und üben Sie kräftigen Druck auf eines der Eckgebiete aus, während Sie das Eisen zwölfmal über den Stein führen. Üben Sie dann kräftigen Fingerdruck auf das gegenüberliegende Eckgebiet aus, und führen Sie das Eisen zwölfmal über den Schärfstein. Danach üben Sie mit den Fingern Druck auf eines der dazwischenliegenden Gebiete aus und führen das Eisen sechsmal über den Stein. Wechseln Sie auf das andere dazwischenliegende Ge-

Abb. 44: Bei den meisten Hobeleisen nehme ich eine Unterteilung in fünf Gebiete vor. Schmale Eisen (etwa solche von Hirnholzhobeln) werden in drei Gebiete unterteilt.

biet, und führen Sie sechs weitere Züge aus. Drücken Sie abschließen mit den Fingern auf das mittlere Gebiet, und führen Sie das Eisen zweimal über den Stein.

Nehmen Sie das Eisen vom Schärfstein, und schauen Sie, ob ein Grat entstanden ist. Falls es einen Grat gibt, halten Sie das Eisen vor sich und lassen von der Rückseite ein kräftiges Licht dagegen scheinen. Halten Sie ein kleines Lineal auf die Spitze der Schneide, um zu sehen, ob die Schneide ballig ist. Falls Sie keine Krümmung erkennen können, ist die Wahrscheinlichkeit hoch, dass Ihr Schärfstein nicht eben, sondern in der Breite konvex ist. Richten Sie den Stein ab (siehe Kapitel Neun), und versuchen Sie es erneut.

Wie groß sollte die Krümmung sein? Das hängt von der Breite des Eisens ab und davon, mit welchem Winkel es im

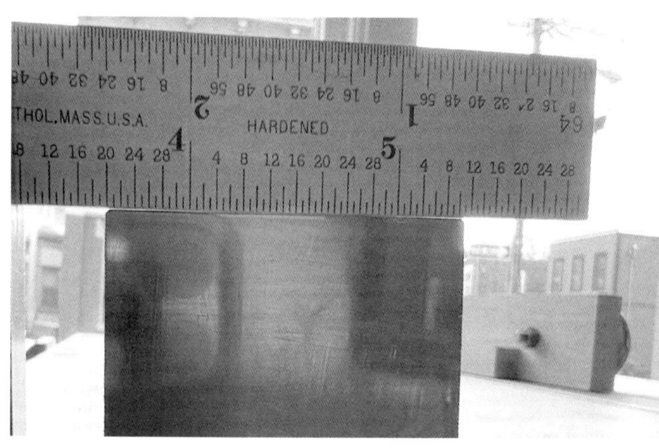

Abb. 45: Die Krümmung an einem No-3-Schlichthobel. Es dauert nicht lange, bevor man ein Gefühl dafür bekommt, wie sehr die Schneiden der verschiedenen Werkzeuge gekrümmt sein sollten.

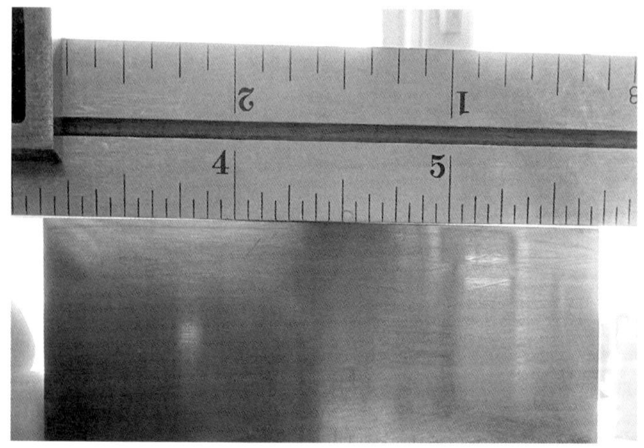

Abb. 46: Die Krümmung an einer No-8-Raubank. Aggressiv schneidende Hobel erfordern eine stärkere Krümmung.

Hobel sitzt. Wenn Sie eine Krümmung erkennen können, machen Sie mit dem Abziehen weiter.

Hobeln Sie mit dem Eisen, um festzustellen, ob es ausreichend ballig ist (ob es also keine hässlichen Hobelspuren hinterlässt). Falls die Krümmung zu gering ist („Hobelspuren, grrr…"), schärfen Sie das Eisen nochmals, und üben Sie dabei stärkeren Druck an den Ecken aus, um die Krümmung zu vergrößern. (Abb. 45)

Falls die Krümmung zu stark ist (sodass das Eisen nur in der Mitte einen schmalen, starken Span abhebt), schärfen Sie nochmal, aber mit mehr Druck im mittleren Gebiet.

Beim freihändigen Schärfen von balligen Schneiden drücke ich eine Ecke der Fase auf den Stein. Dann hebe ich das hintere Ende des Eisens um 3 mm an. Während ich das Eisen zu mir heranziehe, verlagere ich zudem den Druck auf die Fase zur Mitte der Schneide und von dort bis zur anderen Ecke hinüber. (Abb. 46)

Stark ballige Klingen schärfen

Die Eisen von Schrupphobeln und manchmal auch Kurzraubänken aus Metall (No. 5 nach dem Stanley-System) werden stark ballig zugerichtet und erfordern ein etwas anderes Herangehen. Spannen Sie das Eisen in der Schärfführung ein. Legen Sie das Eisen dann auf Ihren Schleifstein auf.

Üben Sie Druck auf eine Ecke des Eisens aus, sodass die Schärfführung auf ihrem Laufrad zu dieser Ecke umkippt. Führen Sie das Eisen auf dem Stein auf und ab, wobei Sie nur auf diese eine Ecke Druck ausüben. Verlagern Sie den Druck dann allmählich zur Mitte der Schneide und schließlich zur anderen Ecke. Wenden Sie für beide Ecken gleich viel Zeit auf. Arbeiten Sie sich zweimal von Ecke zu Ecke. Heben Sie dann das Eisen vom Schärfstein ab, und kontrollieren Sie, ob

Abb. 47: Wenn man auf eine Ecke Druck ausübt, sollte die Führung auf dem Rad kippen. Leider haben manche Führungen sehr breite Räder. Man sollte sie meiden.

ein Grat entstanden ist. Sie sollten auf der Spiegelseite der Schneide auf ganzer Länge einen Grat vorfinden. Wiederholen Sie den Vorgang, falls das nicht der Fall sein sollte.

Die Krümmung der Schneide am Eisen für eine Kurzraubank hat einen Radius von 200 mm oder 250 mm, man kann sie mit bloßem Auge erkennen.

Falls Sie auch nach einem zweiten Durchgang keinen Grat vorfinden, malen Sie die Fase mit einem Permanentmarker, und reiben Sie die Fase auf dem Stein, um sicherzustellen, dass der Stein an der Schneide in den Stahl greift. Es kann vorkommen, dass sich das Hobeleisen in der Schärfführung verschiebt. Vielleicht waren Sie beim groben Schleifen des Eisens nicht genau genug. Ermitteln Sie das Problem, und richten Sie entweder das Eisen in der Führung neu aus, oder schleifen Sie das Eisen neu zu.

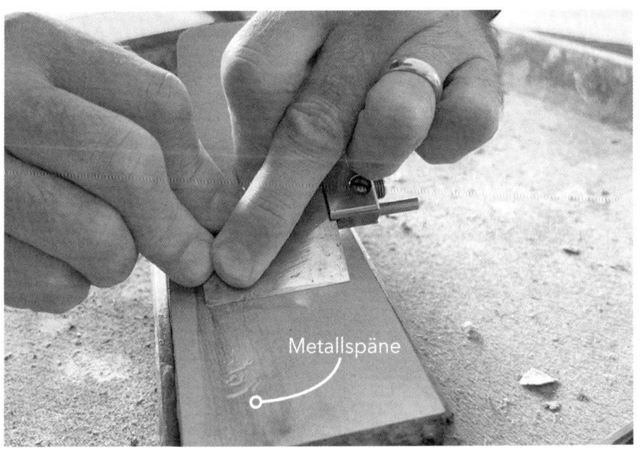

Abb. 48: Wenn man den abwärts gerichteten Druck nur auf eines der Eckgebiete ausübt, wird nur an dieser Ecke Stahl abgetragen.

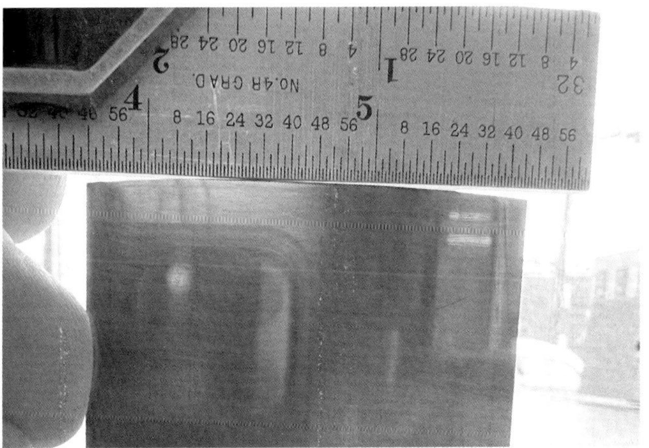

Abb. 49: Die Krümmung der Schneide am Eisen für eine Kurzraubank beträgt 200 mm oder 250 mm, man kann sie mit bloßem Auge erkennen.

Beachten Sie, dass die Fase und die Sekundärfase keinen Schönheitspreis gewinnen müssen, um gut zu funktionieren. Sie müssen nur eine Krümmung aufweisen. Keine perfekte Krümmung. Perfektion kommt dann später. Wenn Sie einen Grat erzielt haben, machen Sie mit dem Abziehen weiter (siehe unten).

Eine Schneide abziehen

Dies ist der einfachste Teil des gesamten Schärfvorgangs. Säubern Sie das Hobeleisen und das Rad der Schärfführung mit einem Tuch, um Gleitmittel und Scheifrückstände zu entfernen, bevor Sie mit dem Abziehen beginnen. Solche Verschmutzungen sollten nicht auf den Abziehstein gelangen.

Legen Sie dann das Eisen auf Ihren gröberen Abziehstein auf und bewegen Sie es auf die gleiche Weise über den Stein wie beim Schärfen (verwenden Sie also die jeweils gleichen Bewegungen für eine grade, eine leicht ballige oder eine stark ballige Schneide). Ziehen Sie die Schneide etwa 10 bis 15 Sekunden ab, heben Sie das Eisen dann vom Stein ab, wischen Sie es sauber und sehen sich die Sekundärfase an.

Die groben Riefen vom Schärfstein sollten durch feine Riefen vom Abziehstein ersetzt worden sein. Falls Sie noch einige verbliebene grobe Riefen entdecken, kehren Sie an den Abziehstein zurück und wiederholen Sie den Vorgang. Sehen Sie sich dann die Schneide erneut an.

Falls immer noch tiefe Riefen vorhanden sind, versuchen sie ein letztes Mal, sie am Abziehstein zu entfernen. Falls Ihnen das nicht gelingt, wechseln Sie trotzdem zum nächstfeineren Abziehstein. Machen Sie sich nicht wegen einiger weniger Riefen verrückt. Eine einzelne Riefe oder auch zwei wirken sich nicht sehr stark auf die Schneide aus. Es kann höchstens sein, dass die Standzeit der Schneide etwas geringer ist.

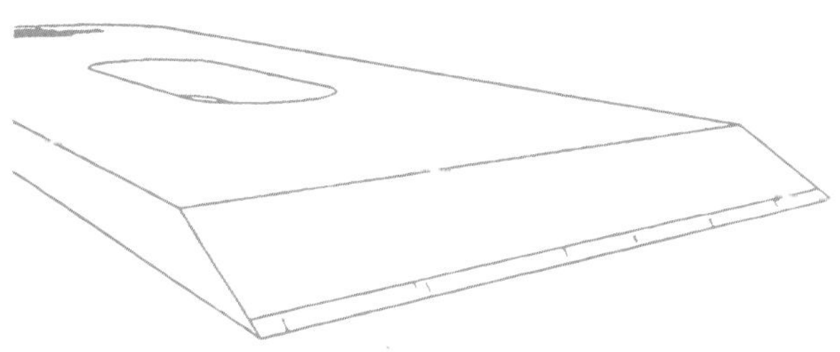

Abb. 50: Der Versuch, auch die letzten paar Riefen beim Abziehen zu beseitigen, ist eine Narretei. Setzen Sie sich eine zeitliche Begrenzung für das Abziehen.

Wiederholen Sie das Abziehen auf dem nächstfeineren Stein. Erlauben Sie sich auch an dem feineren Stein nur drei Durchgänge. Falls Sie noch feinere Steine haben, machen Sie an diesen weiter. Es kann allerdings sein, dass Sie so irgendwann nicht mehr dazu kommen, mit Holz zu arbeiten. (Abb. 50)

Das Problem liegt darin, den richtigen Schlusspunkt zu finden. Ich habe mir selbst Regeln verordnet (nicht mehr als drei Zyklen auf jedem Abziehstein), damit ich nicht eine halbe Stunde mit dem Versuch verbringe, eine tiefe Riefe zu beseitigen. Vielleicht entscheiden Sie sich für eine andere Methode mit weniger oder mehr Durchgängen. Schließlich ist es Ihre Werkstatt und Ihre Schneide.

8
Die Spiegelseite abziehen

Wenn Sie die Schneide an der Werkzeugklinge abgezogen haben, bleibt noch eine Aufgabe zu erledigen, bevor Sie an die Arbeit zurückkehren können. Sie müssen mit dem feinsten Stein, den Sie besitzen, alle Reste eines Grats beseitigen, die vielleicht auf der Spiegelseite der Klinge verblieben sind.

Dabei wird nicht nur der Grat abgenommen, man zieht zugleich auch die Spiegelseite der Klinge ab. Das ist wichtig, weil eine gute Schneide aus zwei sich schneidenden Flächen besteht. Falls eine der Flächen abgezogen ist (die Fasenseite) und die andere nicht (die Spiegelseite), dann wird die Schneide nicht sehr gut sein.

Den Grat abzunehmen und die Spiegelseite abzuziehen ist eine schnelle und einfache Arbeit. Allerdings gibt es eine richtige und eine falsche Methode. Außerdem hängt das Vorgehen auch von der Art der Klinge ab, die Sie schärfen.

Stechbeitel und andere Werkzeugklingen, die geläppt worden sind.

Es gibt Werkzeuge, deren Spiegelseite bereits vom Hersteller geläppt worden ist. Diese Werkzeuge sind in der Regel teurer, und in der Anleitung des Herstellers findet sich der Hinweis, dass die Spiegelseite geläppt ist.

Bei anderen Werkzeugen muss man als Käufer die Spiegelseite abrichten und abziehen, weil sie bei der Verwendung des Werkzeugs eine wichtige Rolle spielt. Das wichtigste Beispiel für diese Werkzeugklasse ist der Stechbeitel. Bei ihm wird die Spiegelseite oft verwendet, um das Werkzeug anzulegen und zu führen.

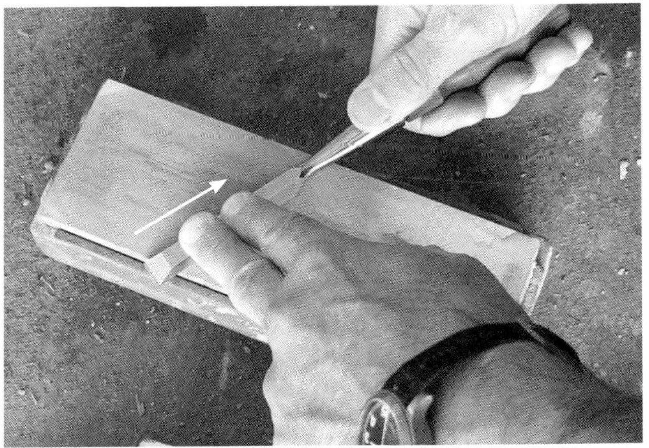

Abb. 51: Anfänglich liegt die Spitze des Werkzeugs nicht auf dem Stein. Dann zieht man sie auf den Stein, sodass der Grat abfällt, ohne Schaden anzurichten.

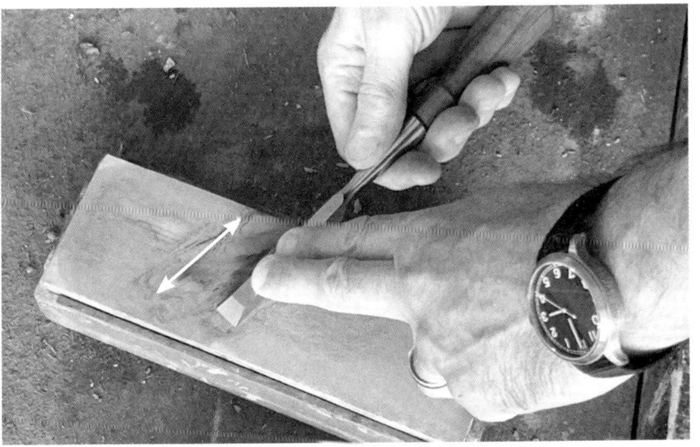

Abb. 52: Obwohl die Spiegelseite in etwa fünf Sekunden abgezogen werden kann, verbringe ich meist etwas mehr Zeit mit dem Abziehen, um die Spiegelseite sauber und auf Glanz poliert zu halten.

Bei Werkzeugen mit geläppter Spiegelseite ist der Grat leicht zu entfernen. Verwenden Sie Ihren feinsten Abziehstein. Legen Sie die Klinge so auf den Stein, dass die Schneide etwas über den Stein hinausragt. Ziehen Sie dann das Werkzeug mit abwärts gerichtetem Druck über den Stein, bis die Schneide auf dem Stein liegt. Durch diese Bewegung wird der Grat an der Schneide entfernt, ohne dass er im Stein stecken bleiben kann. (Dadurch würden alle zukünftigen Abzieharbeiten im Chaos enden.) (Abb. 51 und 52)

Dann können Sie die Klinge noch etwas über den Stein bewegen, um die Spiegelseite bis auf Hochglanz zu polieren. Falls es sich um einen schmalen Stechbeitel handelt, führe ich die Klinge dazu quer über den Stein. Breitere Hobeleisen führe ich mit etwa 40 mm ihrer Länge in Längsrichtung über den Stein.

Bei diesem zusätzlichen Abziehen oder Polieren werden alle Harzreste und andere Verschmutzungen entfernt, die vielleicht an der Klinge haften. Zudem hält es die Politur auf der Spiegelseite instand. Dieses zusätzliche Polieren muss nicht lange dauern - vielleicht 15 Sekunden.

Hobeleisen, die nicht geläppt worden sind.

Bei Werkzeugen, deren Spiegelseite nicht geläppt oder poliert worden ist, geht man auf eine andere Weise vor, um den Grat zu entfernen und die Spiegelseite zu polieren. Dabei verwendet man ein dünnes, 150 mm langes Stahllineal, wie sie im Handel leicht zu bekommen sind.

Dieser sogenannte ‚Linealtrick' geht auf David Charlesworth zurück, einen Schärfexperten aus der englischen Grafschaft Devon, den ich sehr geschätzt habe.

Legen Sie das Lineal an der einen Kante des Abziehsteins an. Platzieren Sie das Hobeleisen so auf dem Stein, dass die Schneide über den Stein hinausragt und das andere Ende auf dem Lineal liegt. Fangen Sie an, das Eisen auf dem Stein hin und her zu bewegen. Verschieben Sie das Eisen dabei allmählich, sodass die Schneide auf den Stein gelangt. Die Schneide sollte nur etwa 15 mm auf den Stein verschoben werden und dann wieder vom Stein hinunter. Wiederholen Sie den Vorgang einige Male.

Das Eisen wird hinten nur um die Stärke des Lineals angehoben (weniger als 0,5 mm), sodass nur die Schneide auf dem Stein aufliegt. Auf diese Weise wird nur die Schneide abgezogen - nicht die riesige Stahlfläche dahinter, die nicht in das Holz einschneidet. Außerdem zieht man mit dem Linealtrick auch eine kleine Fase an der Spiegelseite des Eisens an. Diese Fase wirkt sich nicht in irgendeiner belangvollen Weise auf die Schnittwirkung des Eisens aus. Es beeinflusst auch nicht, wie der Spanbrecher oder die Klappe des Hobels auf dem Eisen aufliegt. Ich habe noch keinen Nachteil an dem Linealtrick finden können - außer der Notwendigkeit, ein preiswertes Lineal zu kaufen.

In der Regel führt der Linealtrick zu einer deutlichen Zeitersparnis. Man muss nicht die gesamte Spiegelseite seiner Hobeleisen genau plan abrichten und abziehen, bevor man sich an die Arbeit macht. Man muss sie nur hinreichend eben machen, um den Linealtrick anwenden zu können. Wie bei allen Tricks kann man auch diesen überstrapazieren. In diesen Fall führt das zu einem Hobeleisen mit zwei Fasen an der Spitze, wie bei einer Messerschneide. Eine Messerschneide an einem Hobeleisen kann Probleme verursachen. Eine Messerschneide ist auch nicht das Ziel des Linealtricks. (Abb. 53 und 54)

Abb. 53: Beim Linealtrick liegt das Ende des Eisens zuerst nicht auf dem Stein auf.

Abb. 54: Erlauben Sie dem Werkzeug nur etwa 15 mm auf den Stein zu gelangen, damit Sie weiter mit niedrigem Winkel abziehen.

Abschließend ist zum Abziehen (und zum Schärfen im weiteren Sinn) noch zu sagen, dass es ein fortlaufender Prozess ist. Die Fase und die Spiegelseite Ihrer Klinge sind vielleicht nicht perfekt abgezogen, nachdem Sie das Werkzeug zum ersten Mal geschärft haben. Nach Monaten und Jahren des Schärfens, Abziehens und regelmäßigen Nachschleifens wird aus dem Werkzeug ein feines und sensibles Instrument, das Sie so gut kennen wie die Hand Ihres Partners.

9
Schärfmittel abrichten

Scharfe Werkzeuge sind das Ergebnis guter Angewohnheiten, zu denen das regelmäßige Schleifen, häufige (aber behutsame) Schärfen, Abziehen und die Instandhaltung der Schärfmittel und des Zubehörs gehören.

Bei den Schleifsteinen heißt das, sie eben zu halten und gegebenenfalls Verkrustungen zu entfernen, die sich vielleicht an ihrer Oberfläche gebildet haben. (Wenn man mit Schleifpapier schärft, heißt Instandhaltung, rechtzeitig das Papier zu wechseln, bevor es beginnt, unregelmäßige Ergebnisse zu liefern. Bei Diamantsteinen ist nicht mehr erforderlich, als sie sauber zu halten.)

Es gibt Holzwerker, die behaupten, man könne die Schleifsteine eben halten, indem man einfach gleichmäßig auf de gesamten Oberfläche des Steins arbeitet, wenn man Werkzeuge schärft. Mit anderen Worten verwendet man die Werkzeuge, um den Stein eben zu halten.

Vielleicht sind Sie dazu in der Lage. Ich kenne ein paa Schärfer, die es jahrelang geschafft haben. Aber mit diesem Ansatz tut man nichts gegen die Verkrustungen, die sich bilden, wenn Metallspäne und ein Schmiermittel (meist Öl) die Oberfläche des Schleifsteins verkleben.

Ölsteine verkrusten schnell durch das Öl und die Metallspäne. Wassersteine verkrusten schnell, wenn man nicht genug (oder gar kein) Wasser beim Schärfen von Werkzeugen verwendet. Diamantsteine verkrusten nicht so leicht, vorausgesetzt, man hält sie sauber - aber sie verlieren im Laufe de Zeit die Diamanten.

Man kann das Verkrusten auf verschiedene Weisen ve langsamen. Bei Ölsteinen hilft es, sie in Petroleum aufzube wahren, wodurch ein Großteil des Öls abgeschwemmt wird und die Steine weiter recht gut schleifen. Bei Wassersteinen hilft es, sie beim Schleifen nass zu halten, weil dadurch leichter frische Schleifkörner freigelegt werden. Man kann Diamantsteine in Petroleum oder andere Lösemittel tauchen, um Verkrustungen zu reduzieren.

Eine andere Methode besteht darin, Wasser- und Ölsteine regelmäßig abzurichten, damit sie niemals uneben werden und niemals verkrusten. (Diamantsteine sollten beim Kauf eben sein und auch eben bleiben.)

Wassersteine richte ich jedes Mal ab, wenn ich sie verwendet habe. Bei einer typischen Schärfsitzung schärfe und ziehe ich drei oder vier Werkzeug ab. Dann richte ich meine Wassersteine ab, säubere sie und lege sie weg (in eine flache Kunststoffschale unter meiner Werkbank.) Ölsteine richte ich alle paar Monate ab. Oder wenn mir durch den Kopf geht: „Diese Steine schärfen nicht so gut, wie sie es sollten."

Diamanten sind meist die Lösung

Ich verwende eine Diamantplatte, um Öl- wie auch Wassersteine abzurichten. Es ist keine Diamantplatte wie jene, die man meist verwendet, um Stahlklingen zu schärfen. Sie ist recht grob (etwa 130 Mikrometer) und teuer. Es gibt auch billige Alternativen im Handel, einschließlich regelrechter Backsteine, von denen behauptet wird, man könne Schleifsteine damit abrichten. Ich habe allerdings noch nie Erfolg mit ihnen gehabt. Meist tragen sie bei mir nur zum Verkrusten des Steins bei.

Falls Sie sich eine diamantbesetzte Abrichtplatte nicht leisten können, verwenden Sie stattdessen 100er Nassschleifpapier, dass Sie auf einer ebenen Keramikfliese befestigt haben und mit Wasser benetzen. Ölsteine werden mit einem gröberen (70er oder 80er) Nassschleifpapier und Petroleum abgerichtet. Sparen Sie dann das Geld für eine Diamantabrichtplatte an, weil diese auch bei sehr häufigem Gebrauch mehr als ein Jahrzehnt halten.

Wie man Steine abrichtet

Schleifsteine müssen nicht bretteben sein. Wenn sie in der Mitte eine Vertiefung oder Erhebung haben, ist das schlecht, und ihre Bemühungen, Werkzeuge zu schärfen, werden für größere Irritationen sorgen. Wenn der Stein allerdings in Längsrichtung leicht konvex oder konkav ist, wirkt sich das meist nicht sehr stark auf das Schärfen aus.

Allerdings versuche ich doch, meine Steine so eben wie möglich zu halten[1]. Und zwar so: Wenn ich einen ganzen Satz Schleifsteine abrichte, beginne ich mit dem feinsten und arbeite mich bis zum gröbsten hinab. Wenn ich die Diamantplatte zwischen den unterschiedlich feinen Steinen säubere, möchte ich nicht grobe Schleifkörner auf einen feineren Stein übertragen. Indem ich mich von fein nach grob arbeite, kann ich höchstens die groben Steine mit feineren Schleifkörnern verunreinigen – was nicht so problematisch ist[2].

---

1 Ich hatte einen Schüler, der extra angefertigte Richtscheite besaß, um seine Schleifsteine zu kontrollieren. Es bewahrte sie in einem Samtbeutel auf. Ein anderer Student verwendete ein Höhenmessgerät, um seine Steine auf Ebenheit zu prüfen. Es ist leicht, über Bord zu gehen.

2 Manche Holzwerker sind etwas zu zimperlich, wenn es um solche Verschmutzungen geht („Nehmen Sie jetzt Ihre Klinge in den Reinraum für 8000er Körnungen…"). Wenn Sie denken, ein Stein könnte mit gröberen Partikeln verschmutzt sein, nehmen Sie ihn beiseite, richten Sie ihn alleine ab und säubern ihn (also außerhalb des normalen Abricht-Zyklus). Damit ist das Problem in der Regel gelöst.

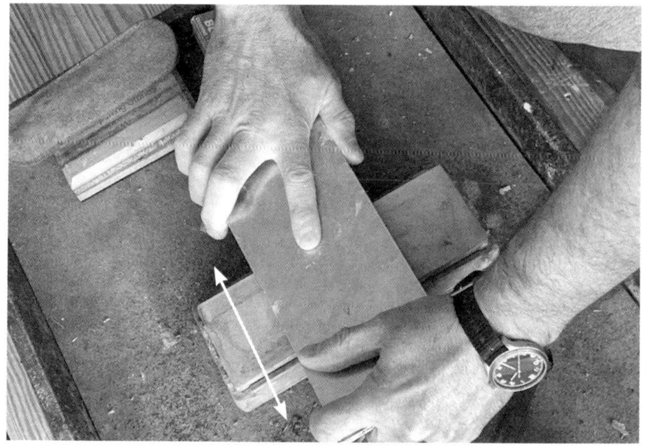

Abb. 55: Indem man den Stein von der Mitte her bearbeitet, trägt man dazu bei, dass der Stein am Ende eben ist.

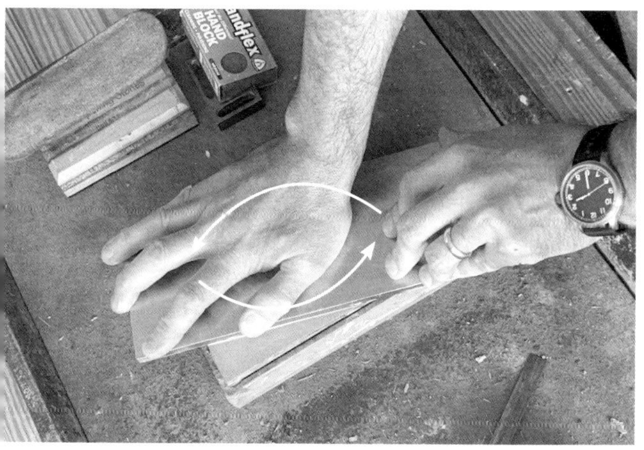

Abb. 56: Diese Bewegung ist leicht elliptisch, um den abtragenden Druck der Diamantplatte auf dem Schleifstein zu verteilen.

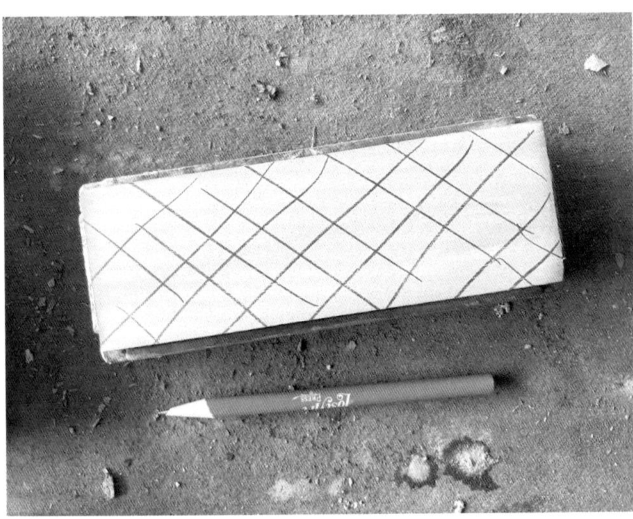

Abb. 57: Ein schnell aufgezeichnetes Bleistiftraster hilft, tiefer liegende Stellen auf dem Stein zu erkennen. Eine tiefere Ecke kann man zum Beispiel meist einfach ignorieren.

Legen Sie den Schleifstein auf die Werkbank. Geben Sie das entsprechende Schmier-/Benässungsmittel darauf.

Legen Sie die Diamantplatte in einem Winkel von 90° auf den Schleifstein.

Führen Sie die Diamantplatte auf der Mitte des Schleifsteins nach links und rechts. Dadurch entsteht genau in der Mitte des Steins eine leichte Höhlung, wodurch dort schnell alle Vertiefungen entfernt werden. (Abb. 55)

Drehen Sie dann die Diamantplatte so, dass sie fast parallel zum Schleifstein liegt, und führen Sie sie einige Male in einer leicht kreisenden Bewegung über den Stein. Die kreisende Bewegung trägt dazu bei, die Abnutzung der Diamantplatte gleichmäßig zu verteilen. (Abb. 56)

Bei einem Wasserstein, der nach jeder Schärfsitzung abgerichtet wird, ist nicht mehr nötig, um ihn eben zu halten. Das Vorgehen bei Ölsteinen ist das gleiche. Es dauert nur länger.

Mit der Zeit bekommen Sie ein Gefühl dafür, wann der Schleifstein eben ist. Bis zu dem Zeitpunkt können Sie Ihre Arbeit auch kontrollieren. Nehmen Sie einen weichen Bleistift, und zeichnen Sie ein Raster aus Linien auf die Oberfläche des Steins. Führen Sie dann wie beschrieben die Diamantplatte über den Stein. Sehen Sie sich die Oberfläche des Steins an. An tiefer liegenden Stellen werden Sie noch Graphit sehen. Arbeiten Sie weiter, bis die Bleistiftstriche verschwunden sind (zumindest an den wichtigen Stellen; die äußersten Ecken eines Steins werden nicht so viel benutzt). (Abb. 57)

10
Schärfen ist kein Sport

Falls Sie sich jemals in geselliger Runde mit anderen Holzwerkern finden, und einer von ihnen fängt an, von der „Einhorn-Fase", den „Edge-on-up-Werten" oder (noch schlimmer) den „Kawai-Kato-Filmen" zu schnattern, ist es vielleicht Zeit, sich langsam Richtung Tür zu bewegen. Sie sind in der Gesellschaft von Schärf-Enthusiasten gelandet.

Man kann das Schärfen durchaus als Hobby betreiben, daran ist nichts auszusetzen. Es hat aber wenig mit der Möbeltischlerei zu tun - so wie auch die Molekularküche wenig mit dem herkömmlichen Kochen zu tun hat.

Für den Möbeltischler ist das Schärfen Teil der Instandhaltung seiner Werkzeuge, so wie auch das Abschmieren der Maschinen und das Abrichten einer Hobelbankoberfläche, die eine große Vertiefung in der Mitte bekommen hat, Teil der Instandhaltung sind. Jeder kann gut schärfen, wenn er das wichtigste Zubehör und ein grundlegendes Verständnis des Vorgangs hat.

Das Schärfen ist wie Zähneputzen. Man macht es, weil man weiß, dass schlimme Dinge passieren, wenn man es nicht zweimal täglich tut.

Schärfen ist wie Haferflocken essen anstatt eines Haferkekses. Wie einen Ölwechsel an seinem Auto machen lassen, anstatt neue Leichtmetallfelgen dafür zu kaufen. Wie den Siphon in der Dusche sauber zu machen anstatt fast jede andere erdenkbare Tätigkeit.

Es ist keine Arbeit, die einen immensen intellektuellen Überbau erfordert. Deshalb bitte ich meine Schüler beim Thema Schärfen, doch bitte, bitte mehr zu schärfen anstatt über das Schärfen zu lesen. Oder über das Schärfen zu reden. Oder (noch schlimmer) sich über das Schärfen zu streiten.

Über das Schärfen zu sprechen ähnelt schnell dem „Tanzen über Architektur" (eine ironische Bezeichnung, die oft dem amerikanischen Komiker Martin Mull zugesprochen wird). Es führt Sie zu keinem vernünftigen Ergebnis.

Es gibt jedoch etwas, das Sie dorthin führen kann:

Wenn Sie ein besserer Holzwerker werden möchten, müssen Sie lernen zu schärfen. Wenn Sie besser schärfen wollen, müssen Sie aufhören, sich so viel mit Tertiärfasen und den Karbidformationen in Stahl zu beschäftigen und anfangen, sich mit dem Holz zu beschäftigen. Falls das Holz sauber geschnitten wird, sind Ihre Werkzeuge hinreichend scharf. Falls die Holzfasern ausgerissen sind und die Holzoberfläche mit winzigen Kratzern übersät ist, müssen Sie Ihre Werkzeuge schärfen.

Und dann die Werkzeuge so lange schärfen, bis Sie die gewünschten Ergebnisse liefern.

Es kann schwierig sein, auf diesem praxis-orientierten Pfad zu bleiben. Jeder Werkzeugkatalog und jedes Forum ist voller neuer Gerätschaften und Ideen, mit denen man angebliche bessere Schneiden bekommt. Es ist – vor allem für einen Anfänger – verlockend, einige der interessanten Ansätze auszuprobieren, die im Internet für das Schärfen herumgeistern. Oder es einmal mit dem exotischen, neuen, diamantbestückten Schleifpapier zu versuchen.

Was kann es schon schaden? Und was ist, wenn es sich als hilfreich erweist?

Es ist sogar so, dass es selbst mich in meinem Alter manchmal juckt, einen teuren neuen Stein zu kaufen oder eine Stange Polierpaste mit Schleifpartikeln, die kleiner sind als ein Tausendstel Millimeter, weil mein Schärfen dadurch vielleicht bis zu ungeahnten neuen Höhen gelangen könnte. Aber nachdem ich jahrelang solchen Illusionen erlegen bin, weiß ich, dass die richtige Lösung darin besteht, einfach meine Werkzeuge häufiger mit der Ausrüstung zu schärfen, die ich bereits besitze.

Es gibt noch eine andere Sache, die dafür sorgt, dass ich geerdet bleibe: Ich denke daran, was ich hinterlassen möchte, wenn ich einmal fort bin. Eine Werkzeugkiste mit makellos gepflegten Werkzeugen und einige nette Möbelstücke? Oder will ich hunderte von Möbelstücken hinterlassen, die zeigen, dass durch einen iterativen Prozess im Laufe der Zeit meine Fähigkeit gewachsen ist, Schönheit Gestalt zu geben und in diese Welt zu bringen? (Und eine Kiste mit Werkzeugen, die in nutzbarem Zustand sind.)

Falls Sie zum zweiten Lager gehören, sind dies die Marschbefehle für die Zeit, wenn Sie mit diesem Buch fertig sind:

1. Entscheiden Sie sich für ein Schärfsystem (irgendein System).
2. Halten Sie sich mindestens ein Jahr an dieses System, bevor Sie Änderungen oder Ergänzungen vornehmen.
3. Konzentrieren Sie sich darauf, bessere Schneiden mit der Ausrüstung zu erreichen, die Sie in der Werkstatt haben.

Wenn Sie nach einem Jahr des Schärfens an Selbstvertrauen gewonnen haben, ist es in Ordnung, über Veränderungen nachzudenken, die Sie vielleicht vornehmen möchten. Vielleicht stört Sie der Schmutz, den Wassersteine verursachen. Oder wie schnell sich Schleifpapier abnutzt. Oder wie schnell Ölsteine sich zusetzen.

Versuchen Sie es also mit einem anderen System. Vermutlich werden Ihre Schneiden dadurch nicht spektakulär (oder auch nur merklich) besser. Ich kann mich noch daran erinnern, wie ich einmal einen Schleifstein mit 30000er Körnung ausprobiert habe. Die Schneide war nicht erkennbar besser als jene, die ich mit meinem 8000er Stein geschliffen hatte. Das Testen neuer Systeme wird Ihnen aber helfen, die Vor- und Nachteile des Systems zu erkennen, mit dem Sie sonst arbeiten.

Und vielleicht bestätigt es Sie in dem Glauben, dass Sie schon auf dem richtigen Weg waren.

Anhänge

1: Über Schleifmittel, ihre Vorteile und Nachteile

Im Wesentlichen sind Steine nur Steine. Große tragen Stahl schnell und grob ab. Kleine polieren die Riefen aus, die von den großen Steinen hinterlassen werden.

Falls Sie möchten, können Sie sich in das Thema vertiefen, wie Steine zerfallen und wie sich das auf ihre abtragende Wirkung bei Stahl auswirkt. Und damit, wie die Kornbindung in Steinen zustande kommt. Oder Sie können Ihre Zeit damit verbringen, Möbel zu studieren.

Lassen Sie sich von jemandem, der an der polykristallinen Weggablung gestanden hat, alles sagen, was Sie als Möbelbauer über die verschiedenen Schleifmittel wissen müssen: Alle Schärfsysteme funktionieren. Jedes von ihnen hat kleine Nachteile und Vorteile.

Ölsteine

Ölsteine sind die traditionelle Wahl. Sie tragen sanft und eher langsam ab. Aber sie nutzen sich auch langsam ab und erfordern weniger Instandhaltungsaufwand. Man kann mit ihnen überall Werkzeuge schärfen – auf der Werkbank, in der Küche, auf der Terrasse. Geben Sie etwas Öl auf den Stein, und fangen Sie an zu schärfen – Ölsteine machen nicht sehr viel Schmutz. Und das Werkzeug wird durch das Öl und das Schärfen geschmiert, sodass es keine ernsthaften Befürchtungen wegen Rost gibt.

Ölsteine sind eine romantische Wahl. Es sind natürliche Steine – die modernen Exemplare kommen aus Bergwerken in Arkansas, und jeder von ihnen ist unterschiedlich. Insofern sind sie wie Holz: Jeder ist einzigartig und kann unterschiedliche Farben zeigen. Wegen ihres natürlichen Ursprungs zeichnen sie sich auch durch fast magische Eigenschaften aus. Es gibt fast perfekte Steine, die wunderbar schleifen und eine atemberaubende Schneide erzeugen. Und es gibt Miststeine, über die ihre Besitzer nicht so sehr viel sprechen.

Beachten Sie, dass wir sie heute als Ölsteine bezeichnen, dass sie aber in der Vergangenheit mit anderen Flüssigkeiten geschmiert wurden. Auch Folgendes ist gut zu wissen: Dieser Steintyp kann viele Arten von Steinen einschließen, nicht nur das Novaculite aus Arkansas oder dem Nahen Osten (die früher als Türkische Steine bezeichnet wurden).

Jeder Stein, der hart genug ist, um Stahl abzutragen, könnte als Schleifstein bezeichnet werden. Deshalb wurden viele andere Mineralstoffe (häufig Quarze) im Bergbau gewonnen und verwendet, um Werkzeuge zu schärfen. Auf vielen alten Landkarten der Vereinigten Staaten sind Adern mit Schleifsteinen verzeichnet.

Neben den natürlichen Ölsteinen gibt es auch künstlich hergestellte. Diese Ölsteine sind meist recht grob. Sie werden auch eher dort verwendet, wo Zimmerer arbeiten, als in Möbelwerkstätten. Ich habe einen dieser sogenannten India-Steine jahrelang erfolgreich als Schärfstein verwendet, Sie sollten diese Steinart also nicht einfach achtlos beiseitelassen.

Wassersteine

Als Wassersteine werden vor allem Vertreter einer Steinklasse bezeichnet, die aus Japan kommen, zuerst als natürliche Steine, inzwischen als künstlich hergestellte. Wassersteine sind Schleifmittel, die schnell Stahl abtragen und sich schnell abnutzen. Meist wird Wasser als Schmiermittel verwendet, auch wenn schon andere Flüssigkeiten verwendet worden sind.

Natürliche Wassersteine sind, vor allem im Westen, recht selten. Sie haben aber die gleichen magischen Eigenschaften oder Nachteile wie natürliche Ölsteine.

Künstlich hergestellte Wassersteine sind inzwischen Produkte einer Hochtechnologie. Und dank besonderer (also: teurer) Bindemittel kann man mehr Geld ausgeben, um Wassersteine zu kaufen, die schneller abtragen und langsamer verschleißen als andere Wassersteine. Außerdem müssen sie nicht in Wasser getränkt werden, bevor man mit ihnen arbeitet.

In der Regel sind Wassersteine eine sehr schmutzige Angelegenheit. Das sage ich als jemand, der täglich mit ihnen arbeitet. Wasser und rosthaltiges Wasser sind aus vielen Gründen Stoffe, die man nicht in der Werkstatt haben möchte. Es ist also schwierig, Wassersteine auf der Werkbank zu benutzen. Ich komme damit zurecht, aber manchmal schwappt die Suppe doch auf die Werkbank.

Also ist es am besten, einen eigenen Arbeitsplatz in der Werkstatt zu haben, wo man mit Wassersteinen schärft. Falls Sie nicht sehr viel Platz in Ihrer Werkstatt haben, sind Ölsteine, Schleifpapier oder Diamantsteine vielleicht eine bessere Wahl.

Wassersteine brauchen viel Wasser. Also brauchen Sie einen großen Eimer mit Wasser in der Werkstatt. Oder ein eigenes Waschbecken mit fließendem Wasser.

Diamantsteine

Diamantsteine sind ein künstlich hergestelltes Schleifmittel. Industriediamanten werden mit einem nickelbasierten Bindemittel auf einer Stahlplatte angebracht. Diese Steine tragen während der Einarbeitungszeit schnell Stahl ab und verschleißen in dieser Zeit auch schnell. Danach tragen sie langsam ab und nutzen sich langsam ab.

Ein wichtiger Unterschied zwischen Diamantsteinen und anderen traditionellen Steinen (wie Wasser- und Ölsteinen) liegt darin, dass Diamantsteine niemals uneben werden oder sich verziehen. Dieses Merkmal ist deswegen beachtenswert, weil es die Instandhaltung der Steine fast vollkommen eliminiert. Man muss sie nur sauber halten (wir legen sie einfach in die Geschirrspülmaschine, wenn sie verschmutzt sind).

Diamantsteine haben allerdings einen Nachteil: Sie halten nicht so lange wie traditionelle Öl- oder Wassersteine. Mit der Zeit lösen sich die Diamanten aus der Bindung oder verschleißen so stark, dass ihre Wirkung unerträglich langsam wird. In unserer Werkstatt hält ein Diamantstein bei regelmäßiger Verwendung vielleicht zwei oder drei Jahre. Bei einem groben künstlichen Wasserstein rechne ich mit fünf bis sieben Jahren. Einen Arkansas-Stein habe ich bis jetzt noch nicht an sein Ende gebracht. Die Hersteller von Diamantsteinen erzählen einem eine andere Geschichte – dass die Steine fast ewig halten. Glauben Sie es ihnen nicht.

Schleifpapier

In vielen Hinsichten ähnelt das Schärfen mit Schleifpapier der Verwendung von Diamantsteinen. Zuerst trägt es den Stahl schnell ab und verschleißt auch schnell. Danach trägt es langsam ab und nutzt sich langsam ab. Natürlich bleibt Schleifpapier so eben wie die Unterlage, auf der man es befestigt. Das ist schön.

Der Nachteil liegt in den auf Dauer hohen Kosten. Die Erstausrüstung für das Schärfen mit Schleifpapier kostet weniger als die anderen Systeme. Aber das Schleifpapier nutzt sich schnell ab. Und so wird das Schärfen mit Schleifpapier im Laufe der Zeit recht teuer.

Manchmal ist Schleifpapier jedoch die beste Lösung. Man kann es um Rundhölzer wickeln, um ausgefallene Schneidenprofile zu schärfen. Und man kann eine komplette Schärfausrüstung mitnehmen, falls man nicht weiß, ob am Ziel einer Reise Öl oder Wasser für die Schleifsteine verfügbar ist.

Mischsysteme

Unterschiedliche Schärfsysteme zu mischen, kann zu viel Kummer führen. Aber in manchen Werkstätten lässt es sich nicht vermeiden. In unserer Werkstatt kommen alle beschriebenen Systeme zum Einsatz, weil die Werkstatt manchmal auch ein Klassenzimmer ist und zu anderen Zeiten ein Labor, in dem verschiedene Holzbearbeitungstechniken untersucht werden.

So sieht es praktisch aus:

Für meine eigenen Werkzeuge - Stechbeitel, Hobeleisen, Ziehklingen - verwende ich Wassersteine. Es sind nicht-poröse Steine, die nicht in Wasser getränkt werden müssen, bevor man sie verwendet. Diese Eigenschaft macht sie teuer, aber dafür nutzen sie sich noch langsamer ab als normale künstliche Wassersteine. Ich richte meine Steine mit einer schweren Diamantplatte ab, die genau auf diese Aufgabe abgestimmt ist.

Für die Werkzeuge der Schüler und Kursteilnehmer haben wir Diamantsteine und einen 10000er Wasserstein. Schüler strapazieren Werkzeuge und Schärfausrustung stark, deshalb haben wir uns hier für ein System entschieden, dass leicht instand zu halten ist. Der 10000er Wasserstein wird zum Abziehen als letzter Schärfschritt verwendet. Er ist ziemlich dicht und erfordert nicht sehr viel Instandhaltungsarbeit.

Um Profilhobel und andere Werkzeug mit ungewöhnlicher Schneidenform zu schärfen, verwende ich um Rundstangen gewickeltes Schleifpapier und kleine Profilsteine, um die Fasen zu schärfen. Die Spiegelseiten dieser Werkzeuge werden mit meinen Abzieh-Wassersteinen instandgehalten.

2: Unregelmäßig geformte Schneiden schärfen

Profilhobel sehen aus wie der Alptraum eines Schärfers. Wie schärft man die Fase an einem Karnies-Eisen? Braucht man einen eigenen Schleifstein für jeden Profilhobel, den man besitzt? Nein.

Das Vorgehen beim Schärfen eines Profilhobeleisens ist anders als bei einem Stechbeitel. So sieht es praktisch aus: Wenn ich einen Profilhobel für mehr als einen schnellen Schnitt zwischendurch verwendet habe, nehme ich das Eisen aus dem Hobelkörper.

Ich ziehe die Spiegelseite einige Minuten auf meinem feinsten Abziehstein ab. Dann reibe ich das Eisen mit etwas Öl ab und setze es wieder in den Hobel ein. Dieser geringe Aufwand reicht für eine lange Zeit. Schließlich ist aber der Zeitpunkt gekommen, an dem die Fase mit Harz verschmutzt

Abb. 58: Wenn man die Spiegelseite des Profileisens auf einem Stein abzieht, hält sich die Schneide lange Zeit.

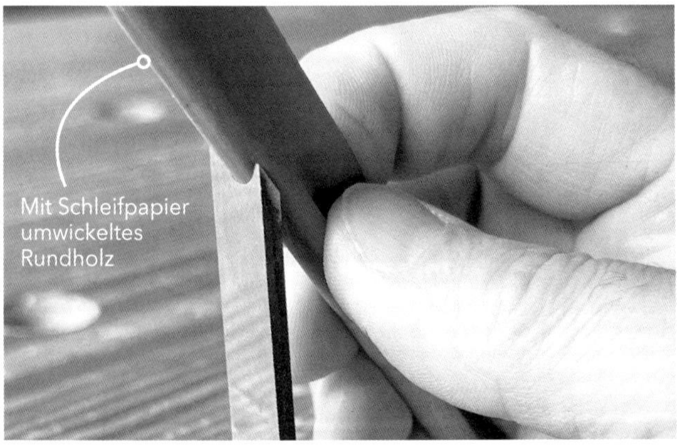

Abb. 59: Schließlich muss man sich irgendwann um die Fase kümmern. Ich verwende Schleifpapier in den Körnungen 150, 320 und 600, das ich um Rundhölzer wickle. Außerdem auch noch kleine flache Holzstücke, die ebenfalls mit Schleifpapier versehen sind.

oder die Schneide so stumpf ist, dass ich mich darum kümmern muss. (Abb. 58)

Wenn es soweit ist, nimmt man das Eisen aus dem Hobel und schärft die Fase mit Schleifpapier, das man um Rundhölzer und passende kleine Hartholzteile gewickelt hat. Ich verwende 150er Schleifpapier und bearbeite die Fase, bis an der Spiegelseite ein Grat entstanden ist. Dann ziehe ich die Fase entweder mit einem feineren Schleifpapier oder mit einem Profilstein und etwas Öl als Schmiermittel ab. (Abb. 59)

Dann nehme ich den Grat auf der Spiegelseite mit meinen Abziehsteinen ab.

Wenn Sie sich an diese Instandhaltungsroutine halten, müssen Sie Ihre Eisen vielleicht überhaupt nicht nachschleifen – falls Sie nicht professionell Profilleisten anfertigen. Ich besitze Profilhobel, die 16 Jahre alt sind und noch nie geschliffen werden mussten. Sie funktionieren immer noch in Laub- wie in Nadelholz sehr gut.

3: Alles, was Sie über Stahl wissen müssen

Neben dem Möbelbau und dem Schreiben von Büchern beschäftige ich mich auch damit, Holzbearbeitungswerkzeuge herzustellen. Also weiß ich ein wenig über Stahl und seine Eigenschaften, um gute Werkzeuge herzustellen. Ich ermutige Holzwerker allerdings nicht, zu Stahlexperten zu werden.

Wenn man ehrlich ist, sind die Stahlsorten, die für Holzbearbeitungswerkzeuge verwendet werden, alle recht gut, und es gibt nur minimale Unterschiede zwischen ihnen. Außerdem besagt die Stahlsorte eines Werkzeugs noch nichts darüber, wie das Rohmaterial erhitzt, vergütet und angelassen wurde. Es ist wie mit Speisen. Ein Steak-Sandwich von einer Tankstelle kann ganz anders schmecken als eines von einem

Imbisswagen oder in einem französischen Restaurant - auch wenn sie auf dem Papier immer die gleichen Zutaten haben.

Auch sollte man die Rolle der Fähigkeiten des Werkzeugmachers nicht unterschätzen. Ich würde lieber einen Stechbeitel aus Aluminiumfolie besitzen, der von dem Meisterschmied Barr Quarton hergestellt wurde, als ein aufgemotztes Werkzeug aus Hartmetall, das in irgendeiner Fabrik gestanzt wurde, von der ich noch nie etwas gehört habe.

Nach der langen Vorrede also nun das, was Sie wissen sollten: Der traditionelle Kohlenstoffstahl, der manchmal mit dem Kürzel O1 bezeichnet wird, funktioniert in jedem Handwerkzeug, das ich je verwendet habe. Er lässt sich leicht schärfen und hat eine hohe Standzeit, wenn er die richtige Wärmebehandlung durchlaufen hat.

Viele Werkzeughersteller sind inzwischen auf A2 umgestiegen, einen legierten Stahl. Es dauert etwas länger, Klingen aus A2 zu schärfen, dafür ist die Standzeit jedoch höher. Wenn man A2-Stahl stark beansprucht, kann die Schneide durch den Verschleiß leichte Mäusezähne entwickeln, weshalb manche Holzwerker ihn bei Werkzeugen meiden, die eine hohe Oberflächengüte liefern sollen - Putzhobel zum Beispiel.

Pulvermetalle sind hochentwickelte Mischungen aus Stahl und Legierungsbestandteilen, die dem Stahl überraschende Eigenschaften verleihen können. So kann ein Stahl zum Beispiel leicht zu schärfen sein und eine hohe Standzeit aufweisen. Der Nachteil ist der Preis. Pulvermetalle kosten fast immer mehr als der althergebrachte Kohlenstoffstahl oder die Sorte A2.

Es gibt einige Stahlsorten, die man meiden sollte. Einige Hersteller verwenden Legierungen wie D2, die man nur mit Diamanten schärfen kann. Meiden Sie Stahlsorten, die sich nur mit besonderen Werkzeugen schärfen lassen. Der Aufwand lohnt meist nicht.

Ehrlich gesagt mache ich mir nicht allzu viel Gedanken über die Stahlsorte eines Werkzeugs. Mich interessiert der Hersteller und sein guter Ruf in Bezug auf Qualität viel mehr. Ich weiß nicht, welche Stahlsorte Kevin Drake für seine „Tite-Mark"-Streichmaße verwendet. Es ist mir auch egal. Kevin hat einen hervorragenden Ruf als Hersteller hochwertiger Werkzeuge, und er weiß, was er tut. Falls ich eine Frage zu einem Werkzeug habe oder es ein Problem damit gibt, weiß ich, dass Kevin eine Lösung hat. Und das ist mehr wert, als selbst zu einem autodidaktischen Metallurgen zu werden.

4: Ziehklingen schärfen

Ziehklingen scheinen eine große Ausnahme zu sein, wenn es an das Schärfen geht. Man braucht ein anderes Werkzeug (einen Ziehklingenstahl) und andere Bewegungsabläufe, um sie zu schärfen. Letztendlich gelten aber für Ziehklingen die gleichen Regeln wie für alle Werkzeuge.

Eine scharfe Ziehklinge hat an der Schneide eine Schnittlinie mit dem Radius Null. Und je besser die beiden Flächen abgezogen sind, die dort aufeinander treffen, desto höher ist die Standzeit des Werkzeugs.

Schritt Eins: Vorhandenen Grat entfernen.

Als erstes richte ich immer - immer! - die Seiten der Ziehklinge ab, um vorhandene Grate zu entfernen. Ein solcher Grat kann vom Herstellungsprozess stammen. Es kann sich auch um das Überbleibsel eines Grats an einem Werkzeug handeln, mit dem Sie schon gearbeitet haben.

Legen Sie die Ziehklinge nahe der Kante flach auf Ihre Werkbank. Legen Sie den Ziehklingenstahl absolut flach auf

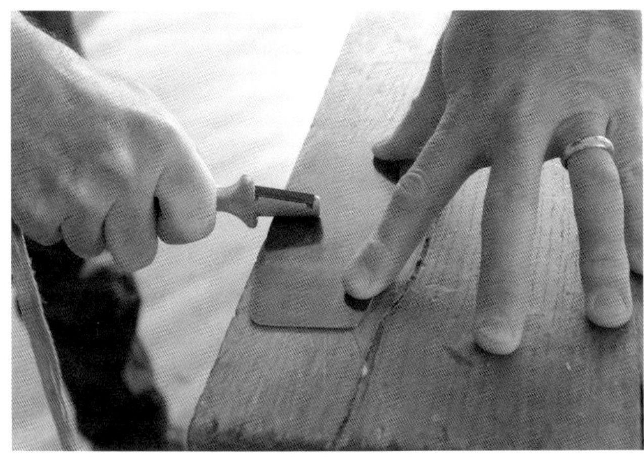

Abb. 60: Entfernen Sie einen alten Grat wie hier gezeigt mit dem Ziehklingenstahl.

die Ziehklinge. Üben Sie starken Druck auf den Ziehklingenstahl aus, und führen Sie ihn über die Kante der Ziehklinge. Fünf oder sechs Züge sollten reichen. Wiederholen Sie den Vorgang an den anderen drei Kanten. (Abb. 60)

Schritt Zwei: Die Schmalkanten schleifen

Um genau rechtwinklige Kanten zu erhalten, verwenden Sie einen Holzklotz als Führung, und schleifen Sie die Schmalkanten des Werkzeugs. Verschieben Sie den Führungsklotz gelegentlich, damit Sie keine Kerbe in Ihren Schleifstein schneiden. Verwenden Sie den Schleifstein, den Sie normalerweise als ersten zum Abziehen benutzen (einen 1000er Wasserstein oder einen weichen Arkansas-Ölstein zum Beispiel). Sieben bis zehn Züge sollten reichen, um überschüssiges Metall zu

Abb. 61: Richten Sie die langen Kanten der Ziehklinge mit einem Holzklotz als Führung ab.

entfernen. (Hinweis: Die kurzen Kanten der Ziehklinge müssen nicht geschliffen werden, es gibt allerdings Holzwerker, die dies tun.)

Falls es sich jedoch um eine neue Ziehklinge handelt, müssen Sie die Kanten vielleicht ein paar Minuten lang auf einem groben Stein schleifen, um sicherzustellen, dass sie genau rechtwinklig zu den Seiten und gleichmäßig sind. Wenn das Werkzeug so eingerichtet ist, geht das Schleifen später dann auch schneller.

Wiederholen Sie den Vorgang mit einem Holzklotz auf einem Abziehstein wie einem 5000er Wasserstein oder einem harten Arkansas-Ölstein. Sehen Sie sich die Kante genau an, und schleifen Sie solange, bis die Kante gleichmäßig abgezogen ist. Beim ersten Mal müssen Sie vielleicht ein paar Minuten für das Werkzeug investieren. Beim späteren Schärfen sind dann nur etwa zehn Züge notwendig. (Abb. 61)

Schritt Drei: Die Flächen abziehen

Geben Sie etwas Öl an die Ziehklinge und den Ziehklingenstahl. Legen Sie die Ziehklinge wieder flach auf die Werkbank, und wiederholen Sie den Vorgang, mit dem Sie den Grat entfernt haben. Denken Sie daran, mit kräftigem Druck zu arbeiten (der Ziehklingenstahl sollte aber dennoch über die Fläche der Ziehklinge gleiten).

Auf diese Weise wird die Fläche der Ziehklinge poliert (so wie man mit einem harten Knochenstück weiches Holz polieren kann), und etwas Stahl an der Kante aufstellen. Durch diesen Schritt wird die Haltbarkeit des Grats erhöht und das Anziehen des Grats erleichtert.

Schritt Vier: Den Grat anziehen

Spannen Sie die Ziehklinge so ein, dass eine Kante waagerecht liegt. Geben Sie etwas Öl an die Ziehklinge und den Ziehklingenstahl, um die Arbeit zu erleichtern. Halten Sie den Ziehklingenstahl parallel zum Fußboden (waagerecht), und streichen Sie mit mittlerem Druck (etwas weniger, als Sie für die Flächen verwendet haben) über die Kante. Fünf oder sechs gleichmäßige Züge sollten reichen.

Neigen Sie den Ziehklingenstahl etwa 5° nach rechts, und ziehen Sie mit dem Ziehklingenstahl in fünf oder sechs gleichmäßigen Zügen einen Grat an. Kontrollieren Sie mit den Fingerspitzen, ob ein Grat entstanden ist. Der Grat ist klein und unauffällig, etwa so wie der Grat, der beim Schärfen eines Stechbeitels an der Spiegelseite entsteht. (Abb. 62)

Falls kein Grat spürbar ist, führen Sie noch einige Züge mit dem geneigten Ziehklingenstahl aus, bis ein Grat entsteht. Versuchen Sie es mit mehr Druck, um zu sehen, ob das hilft.

Abb. 62: Neigen Sie den Ziehklingenstahl, und ziehen Sie einen Grat an einer Kante an.

Abb. 63: Neigen Sie den Ziehklingenstahl in die andere Richtung, um einen Grat an der benachbarten Kante anzuziehen.

Wenn ein Grat angezogen ist, neigen Sie den Ziehklingenstahl um 5° nach links und wiederholen den Vorgang, um einen Grat auf der anderen Seite anzuziehen. Wenn Sie zwei gute Grate erhalten haben, drehen Sie die Ziehklinge um und wiederholen Schritt Vier an der gegenüberliegenden Kante. (Abb. 63)

Wischen Sie die Ziehklinge mit einem öligen Tuch ab, und machen Sie sich an die Arbeit. Lagern Sie die Ziehklinge in einem Umschlag aus Karton oder Papier, um seine Lebenszeit zu erhöhen. Der Grat ist so empfindlich wie die Schneide eines Stechbeitels.

Über den Autor

Christopher Schwarz

ist einer der bekanntesten Autoren zum Thema Holz. Er war Redakteur bei *Popular Woodworking* und ist seit 2011 freier Autor. Er betreibt einen eigenen Verlag zum Thema Holzbearbeitung, gibt Kurse, entwickelt Werkzeuge, schreibt Bücher und veröffentlicht Videos.

Robert Wearing

Mit sicherer Hand
Möbel bauen mit klassischen Handwerkzeugen

Die Kombination von einfachen, aber präzisen Zeichnungen mit den genauen Erläuterungen, die sich stets entlang dieser Zeichnungen bewegen, erfordert eine konzentrierte Lektüre. Liest man das mit dem Werkzeug in der Hand, arbeitet also parallel mit, wird man mit diesem Buch immens viel lernen.

Wearing selbst hatte tatsächlich eine Art Ausbildungsersatz im Sinn. Das Buch, schreibt er im Vorwort, „ist vor allem für jene gedacht, die auf sich selbst gestellt arbeiten."

Mehr zum Buch ⟫→

280 Seiten, 16,5 x 23,5 cm
mit Lesebändchen
gebunden mit Prägung
Abbildungen: sw

Best.-Nr. 21903
ISBN 978-3-7486-0557-7

E-Book ✔

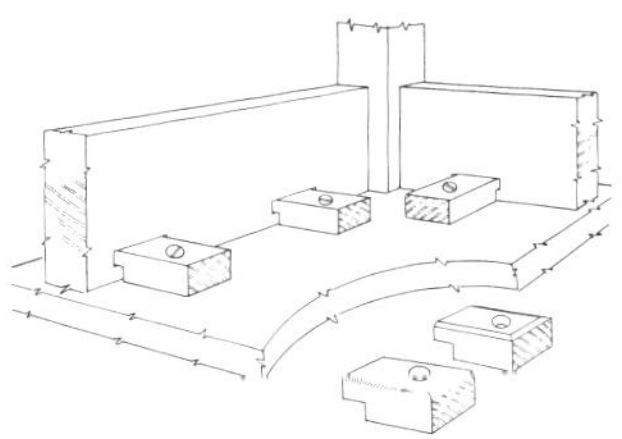

Bestellen Sie versandkostenfrei*

T +49 (0)6123 9238-253 · www.holzwerken.net/shop

* innerhalb Deutschlands

Vincentz Network GmbH & Co. KG *HolzWerken* 65341 Eltville · Deutschland

Notizen